煤炭行业特有工种职业技能鉴定培训教材

选煤技术检查工

（技师、高级技师）

煤炭工业职业技能鉴定指导中心　组织编写

U0323767

煤炭工业出版社

·北　京·

内 容 提 要

本书以选煤技术检查工国家职业标准为依据，分别介绍了选煤技术检查工技师、高级技师职业技能考核鉴定的知识和技能方面的要求。内容包括试验与操作、常用数理统计方法及应用、培训指导、选煤厂技术管理、培训与论文写作、技术推先等。

本书是选煤技术检查工技师、高级技师职业技能考核鉴定前的培训和自学教材，也可作为各级各类技术学校相关专业师生的参考用书。

本 书 编 审 人 员

前　　言

　　为了进一步提高煤炭行业职工队伍素质，加快煤炭行业高技能人才队伍建设步伐，实现煤炭行业职业技能鉴定工作的标准化、规范化，促进其健康发展，根据国家的有关规定和要求，煤炭工业职业技能鉴定指导中心组织有关专家、工程技术人员和职业培训教学管理人员编写了这套《煤炭行业特有工种职业技能鉴定培训教材》，作为国家职业技能鉴定考试的推荐用书。

　　本套职业技能鉴定培训教材以相应工种的职业标准为依据，内容上力求体现"以职业活动为导向，以职业技能为核心"的指导思想，突出职业培训特色。在结构上，针对各工种职业活动领域，按照模块化的方式，分初级工、中级工、高级工、技师、高级技师5个等级进行编写。每个工种的培训教材分为两册出版，其中初级工、中级工、高级工为一册，技师、高级技师为一册。教材的章对应于相应工种职业标准的"职业功能"，节对应于职业标准的"工作内容"，节中阐述的内容对应于职业标准的"技能要求"和"相关知识"。

　　本套教材现已经出版35个工种的初、中、高级工培训教材（分别是：爆破工、采煤机司机、液压支架工、装岩机司机、输送机操作工、矿井维修钳工、矿井维修电工、煤矿机械安装工、煤矿输电线路工、矿井泵工、安全检查工、矿山救护工、矿井防尘工、浮选工、采制样工、煤质化验工、矿井轨道工、矿车修理工、电机车修配工、信号工、把钩工、巷道掘砌工、综采维修电工、主提升机操作工、主扇风机操作工、支护工、锚喷工、巷修工、矿井通风工、矿井测风工、采煤工、采掘电钳工、安全仪器监测工、综采维修钳工、瓦斯抽放工）和18个工种的技师、高级技师培训教材（分别是：采煤工、巷道掘砌工、液压支架工、矿井维修电工、综采维修电工、综采维修钳工、矿山救护工、爆破工、采煤机司机、装岩机司机、矿井维修钳工、安全检查工、主提升机操作工、支护工、巷修工、矿井通风工、矿井测风工、采掘电钳工）。此次出版的是 10 个工种的初、中、高级工培训教材（分别是：液压泵工、综采集中控制操纵工、矿压观测工、井筒掘砌工、矿山电子修理工、矿井测尘工、瓦斯防突工、重介质分选工、选煤技术检查工、选矿集中控制操作工）和 6 个工种的技师、高级技师培训教材（分别是：液压泵工、矿压观测工、瓦斯防突工、重介质分选工、选煤技术检查工、选矿集中控制操作工）。其他工种的初、中、高级工及技师、高级技师培训教材也将陆续推出。

　　技能鉴定培训教材的编写组织工作，是一项探索性工作，有相当的难度，加之时间仓促，缺乏经验，不足之处恳请各使用单位和个人提出宝贵意见和建议。

煤炭工业职业技能鉴定指导中心

2015 年 10 月

目　　录

I

第一部分

选煤技术检查工
技师技能

第一章 试 验 与 操 作

第一节 煤的转筒泥化试验方法

一、测定意义

煤和矸石的泥化特征与选煤工程过程有着密切的关系，特别是在煤炭的洗选加工广度和深度都日趋完善的形势下，泥化特征对煤炭的洗选加工效果以及对煤泥水的处理的影响就显得更为重要。煤和矸石的泥化特征试验资料已经成为设计选煤厂的重要基础资料之一。本节依据 GB/T 26918—2011 规定对烟煤、无烟煤和褐煤等各种类别的入洗原料煤进行煤的转筒泥化试验。

二、产生泥化现象的原因

煤和矸石在水泡的情况下，由于物理运动和碰撞，引起煤和矸石颗粒产生裂隙或者使原来的小裂隙扩大，从而使颗粒变小；颗粒本身就有节理裂隙或者煤质本身比较软，经过机械运动相互碰撞，使粒度变小，但不改变煤和矸石的成分，产生这些泥化现象的因素是物理因素，也是主要因素。产生泥化的次要因素是化学因素，是指煤和矸石颗粒泡水以后，某些物质溶解于水或呈离子状态，或起了某些化学作用，使颗粒变细，但是没有发现煤泥水或煤的表面化学性质发生明显变化，一般可不予考虑。

三、试验设备

(1) 转筒泥化试验装置：容积 200 L，高 1 m，转速 20 r/min，如图 1-1 所示。

(2) 试验筛筛孔尺寸：50 mm、3 mm、0.500 mm 和 0.045 mm，各试验筛应符合 GB/T 6003.1—2012 和 GB/T 6005—2008 的规定。

(3) 台秤：最大称量为 100 kg，最小刻度值为 0.05 kg。

(4) 案秤：最大称量为 30 kg，最小刻度值为 0.005 kg。

(5) 电热鼓风干燥箱：调温范围为 50~200 ℃。

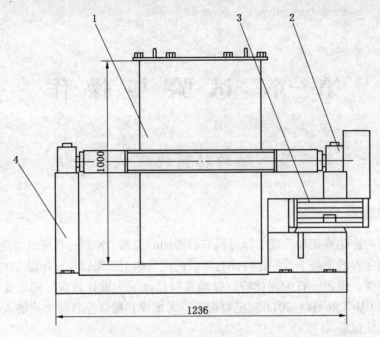

1—转筒；2—变速装置；3—电动机；4—底座

图 1-1　转筒泥化试验装置示意图

四、试样的采取及制备

（一）试样的采取

试样采自生产煤样，生产煤样的采取应符合 MT/T 1034—2006 的规定。试样可以从筛分总样中缩取，也可按各粒级质量比例配制，其总量应不少于 250 kg。

（二）试样的粒级

试样的粒级应为综合级 50～0.500 mm。入选原煤粒度上限、下限有特殊要求时，可按具体要求确定。

（三）试样的制备

将采取的试样晾至空气干燥状态，缩取 4 份样品，每份（25±0.5）kg，称准至 0.05 kg，待做试验用，其余样品密封保存，留作备用。

五、试验步骤

（1）在转筒中放入 1 份制备好的样品，再加入样品质量三倍的生产用水（或与生产用水水质相近的水），称准至 0.05 kg。

（2）将转筒盖盖紧后翻转 15 min，翻转结束后将筒内物料用孔径 3 mm、0.500 mm 和 0.045 mm 的试验筛依次筛分，筛分时喷水冲洗筛网，以保证筛分完全，每次筛分应将筛下煤泥水收集好，不要流失。经筛分可得大于 3 mm、3～0.500 mm、0.500～0.045 mm 三个产品和煤泥水，将煤泥水真空过滤，滤饼为小于 0.045 mm 产品。

（3）将其他 3 份样品分别按翻转时间为 25 min、35 min、45 min，重复上述操作步骤。

（4）在进行试验时，观察记录煤泥水的沉降快慢和细泥透筛的难易情况，对试样和试验过程中的其他现象也应注意观察记录，例如，试样中有无极易风化碎裂的煤块或矸石等。

（5）将筛分各产品烘干，晾至空气干燥状态，称量（称准至 0.005 kg）。0.500 mm 筛下产品即为次生煤泥，计算各产品的产率（空气干燥状态）。分别测定 0.500～0.045 mm 及 −0.045 mm 产品的灰分（A_d），并计算次生煤泥灰分（A_d）。产率和灰分均以百分数表示，修约至小数点后两位。

六、试验结果的整理

（1）各产品质量之和与试验入料质量之差，不得超过试验入料质量的 3.00%。

（2）以各产品质量之和为 100.00%，计算各产品的产率。

（3）将试验结果和观察结果填入转筒泥化试验结果汇总表（表 1-1）。

表 1-1 转筒泥化试验结果汇总

试样名称： 试验日期： 年 月 日

试样粒度/mm： 试样质量/kg：1， ；2， ；3， ；4，

翻转时间/min	产率/%					0.500～0.045 mm 灰分/%	−0.045 mm 灰分/%	次生煤泥灰分/%
	+3 mm	3～0.500 mm	0.500～0.045 mm	−0.045 mm	小计			
15								
25								
35								
45								
观察结果								

（4）以翻转时间 t（min）为横坐标，以次生煤泥量 γ（%）为纵坐标，绘制翻转时间 t 与次生煤泥量 γ 的关系曲线（γ-t 曲线），如图 1-2 所示。

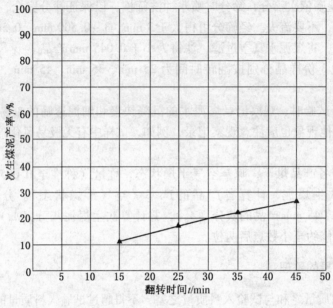

图 1-2　γ-t 曲线

第二节　煤泥水自然沉降试验方法

煤泥水自然沉降试验方法主要依据 GB/T 26919—2011 的规定执行，规定适用于测定烟煤和无烟煤煤泥水的自然沉降特性，褐煤测定亦可参考执行。

一、术语和定义

自然沉降，指无絮凝倾向或弱凝结倾向的固体颗粒在稀悬浮液中的离散沉降。在自然沉降过程中颗粒间不发生黏合，颗粒的形状、粒径和密度都保持不变。

二、仪器、设备和材料

（1）煤泥水自然沉降试验柱，规格如图 1-3 所示。

（2）沉降柱搅拌器，规格如图 1-4 所示。

（3）有柄瓷质蒸发皿：容量 30 mL、60 mL。

（4）电热鼓风干燥箱：调温范围 50 ~ 200 ℃。

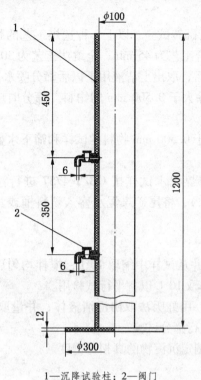

1—沉降试验柱；2—阀门

图 1-3 煤泥水自然沉降试验柱图

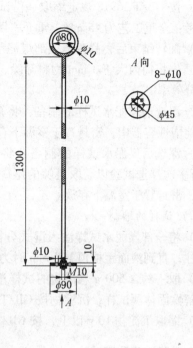

图 1-4 沉降柱搅拌器

（5）干燥器（以变色硅胶做干燥剂）：直径 300 mm。

（6）分析天平：最大载荷 200 g，感量 0.1 mg。

（7）湿式分样机：分样误差（质量相对误差）小于 2%。

（8）量筒：容量为 50 mL、100 mL 和 500 mL。

三、煤泥水试样的采取和制备

（一）选煤厂煤泥水试样的采取

（1）测定选煤厂某一工艺环节的煤泥水时，试样应在正常生产的该环节流动的煤泥水中采取。

（2）以不少于 4 h 的正常生产时间为限度，按相等的时间间隔每次采取 1~2 L 的子样，直到所采试样的体积大于（40 + d）L 为止。其中，d 为悬浮固体质量达 500 g 时的煤泥水体积。同时做好采样记录。

（3）将采取的试样盛入塑料桶或其他惰性容器中，密封后置于室温下存放。

（二）设计用煤泥水试样的制备

（1）按 GB/T 26918 规定缩取一份试样进行翻转试验。以下 3 种选煤工艺的翻转时间可供参考：全重工艺为 45 min；重介—跳汰联合工艺为 45 min；全跳汰工艺为 30 min。

（2）翻转结束后，静置至上部煤泥水清澈后，取出上清液用于以后筛分喷水。

（3）先将筒内大于 3 mm 物料筛除，再筛除大于 0.500 mm 的物料。筛分时应加喷水提高筛分效率。

（4）浮选前煤泥水试样的制备：将筛除大于 0.500 mm 物料的试样和筛下水盛入塑料桶或其他惰性容器中，密封置于室温下存放。

（5）浮选后煤泥水试样的制备：将浮选前煤泥水试样按 GB/T 4757 进行浮选试验（可进行多次浮选试验以获取足够的尾矿煤泥水），将尾矿煤泥水盛入塑料桶或其他惰性容器中，密封置于室温下存放。

（三）试样的缩制

（1）将全部煤泥水试样注入湿式分样机，并从试样中缩取 10 L，搅拌均匀后注入沉降试验柱，直到液面距柱顶 100 mm 时为止。另取 10 L 以备平行试验用。

（2）取一约含 500 g 悬浮物的试样澄清后，用虹吸法取出澄清液体，并量取 600 mL 作为溶解性固体测试样，沉淀物按 GB/T 477 进行筛分试验。

（3）缩取沉淀物 10 g 以上，按 GB/T 217 测定沉淀物的真相对密度。

四、沉降速度分布试验

（一）沉降试验柱取样

（1）将已注入沉降试验柱的煤泥水样，用沉降柱搅拌器上下搅拌 30 s，使试样充分混合均匀。

（2）搅拌后立即开始计时、取样，取样口选择在距液面以下 700 mm 的阀门处。取样可按 0、21 s、30 s、42 s、70 s、105 s、210 s、420 s、525 s、700 s、1050 s、1400 s、2100 s、4200 s、8400 s 时间进行。

（3）每次取样前应迅速打开阀门，预先放出约 10 mL 的煤泥水，待截门内容留的煤泥水被置换完毕后，用量筒量取 20~50 mL，倒入干燥恒重过的蒸发皿中，用少量蒸馏水清洗量筒，并倒入蒸发皿中。

（4）每次取样前应测量在该取样时间的液面到取样口的距离 H_i（$i = 0$、1、2、…、$n-1$，其中 n 为取样次数），读准至整数。

（5）按上述试验步骤进行平行试验。

（二）悬浮物浓度的测定

1. 溶解性固体含量的测定

（1）将两层洁净的快速定性滤纸附着在布氏漏斗内，接通减压装置后，将滤纸润湿，抽气，使之紧贴。滤纸直径应小于漏斗并将所有孔盖住。

（2）将待测溶解性固体的试样逐次转移至布氏漏斗，待 600 mL 试样都被抽滤完毕后，取 500 mL 滤液到一容量为 1000 mL 的烧杯中，置于电炉上蒸发。当杯中滤液达到 50 mL 左右时，倒入干燥恒重过的蒸发皿中，并用少许蒸馏水冲洗烧杯壁，将洗液并入该蒸发皿中。

（3）将盛有试样的蒸发皿，置于温度低于水的沸点 1~2 ℃的干燥箱中烘干。

（4）将烘干的试样在 105~110 ℃的干燥箱中干燥至恒重后，置于干燥器中冷却至室温后称量。称量准确度为 0.0002 g。

（5）溶解性固体的含量可按式（1-1）计算：

$$S_d = \frac{(A-B) \times 1000}{V} \tag{1-1}$$

式中　S_d——溶解性固体含量，g/L；

　　A——蒸发皿加蒸发残渣质量，g；

　　B——蒸发皿质量，g；

　　V——试样的体积，mL。

计算结果修约至小数点后二位。

2. 总固体含量的测定

将沉降试验柱所得的试样进行总固体含量的测定。总固体含量可按式（1-2）计算：

$$S_i = \frac{(A-B) \times 1000}{V} \quad (i = 0,1,2,\cdots,n-1) \tag{1-2}$$

式中　S_i——对应于某一取样时间 t_i 的固体含量，g/L；

　　n——取样次数，下同。

计算结果修约至小数点后二位。

3. 悬浮物浓度的计算

对应于某一取样时间 t_i 的悬浮物浓度 c_i，可按式（1-3）求得：

$$c_i = S_i - S_d \quad (i = 0,1,2,\cdots,n-1) \tag{1-3}$$

式中　c_i——对应某一取样时间 t_i 的悬浮物浓度，g/L。

（三）平行试验允许误差

平行试验中，取样口最初取样的总固体含量两次测定的相对误差不得超过 10.00%。

平行试验中，总固体含量分布曲线的拟合误差不得超过 7.00 g/L，即

$$\sqrt{\frac{\sum_{i=1}^{n}(S_{i,1} - S_{i,2})^2}{n-1}} \leqslant 7.00 \quad (i = 0,1,2,\cdots,n-1) \tag{1-4}$$

式中　$S_{i,1}$、$S_{i,2}$——第一次和第二次试验中某一时间 t_i 所对应的总固体含量，g/L。

如果两次平行试验上述两种误差有一种超出规定，则需补做第三次沉降柱取样试验，直至两次平行试验的上述两种误差均在规定范围内。

五、试验结果的整理

（一）数据整理

若平行试验的相对误差满足要求，则应分别求出这两次试验在同一取样时间对应的固体含量的算术平均值 S_i 和取样液面高度的算术平均值 H_i，结果填入表 1-2。

表 1-2　沉降试验结果记录表示例

煤泥水来源：_____　　　　　　　　　　　　　溶解性固体含量：_____

水温：_____　　　　　　　　　　　　　　　　取样日期：_____

煤泥水初始浓度：_____　　　　　　　　　　　试验日期：_____

序号 i	取样时间 t_i/s	液面至取样口高 H_i/mm			总固体含量 S_i/(g·L^{-1})		
		一次试验	二次试验	平均	一次试验	二次试验	平均
0	0	700	700	700	68.91	68.79	68.85
1	21	698	698	698	68.80	68.72	68.76
2	30	697	695	696	68.49	68.33	68.41
3	42	695	693	694	66.08	66.44	66.26
4	70	693	691	692	63.61	65.25	64.43
5	105	691	689	690	60.07	61.65	60.86
6	210	689	687	688	53.89	54.73	54.31
7	420	687	685	686	47.38	46.60	46.99
8	525	685	685	685	45.99	45.41	45.70
9	700	683	683	683	43.68	42.32	43.00
10	1050	681	680	680	40.59	39.93	40.26
11	1400	679	677	678	37.91	36.85	37.38
12	2100	676	675	676	35.03	33.29	34.16
13	4200	674	672	673	21.66	20.20	20.93
14	8400	671	670	670	1.98	1.48	1.73

试验人：_____　　　　　　　审核：_____　　　　　　　批准：_____

（二）沉降速度

在每一取样时间 t_i，都对应一新的液面高度 H_i（液面至取样口的距离），此时相对应的悬浮颗粒沉降速度 v_i，可由式（1-5）求得。

$$v_i = \frac{6H_i}{t_i} \quad (i=0、1、2、\cdots、n-1) \tag{1-5}$$

式中　v_i——对应于某一取样时间 t_i 的悬浮颗粒的沉降速度，cm/min；

　　　H_i——对应于某一取样时间液面至取样口的距离，mm；

　　　t_i——取样时间，s。

计算结果修约至小数点后二位。

（三）残余悬浮物百分率

对应于某一取样时间 t_i，有一悬浮物浓度 c_i，则相应的残余悬浮物百分率 P_i 可由式（1-6）求得。

$$P_i = \frac{c_i}{c_0} \times 100 \quad (i=1、2、\cdots、n-1) \tag{1-6}$$

式中　P_i——取样口煤泥水样对应于某一取样时间 t_i 的残余悬浮物百分率；

　　　c_i——取样口煤泥水样对应于某一取样时间 t_i 的残余悬浮物浓度，g/L；

　　　c_0——取样口最初取样的悬浮物浓度，g/L。

计算结果修约至小数点后二位。

（四）绘制沉降速度分布曲线

以取样口残余悬浮物百分率 P 为纵坐标，悬浮颗粒沉降速度 v 为横坐标，据表1-3中的数据绘制自然沉降速度分布曲线（图1-5）、10 cm/min 以内的自然沉降速度分布曲线（图1-6）。

表1-3　沉降试验结果分析表示例

煤泥水来源：_____　　　　　　　　　　　　　溶解性固体含量：_____

水温：_____　　　　　　　　　　　　　　　　取样日期：_____

煤泥水初始浓度：_____　　　　　　　　　　　试验日期：_____

序号 i	取样时间 t_i/s	液面至取样口高 H_i/mm	总固体含量 $S_i/(g \cdot L^{-1})$	悬浮物浓度 $c_i/(g \cdot L^{-1})$	残余悬浮物百分率 P_i/%	颗粒沉降速度 $v_i/(cm \cdot min^{-1})$
0	0	700	68.85	67.92	—	—
1	21	698	68.76	67.83	98.52	199.43
2	30	696	68.41	67.48	98.01	139.20
3	42	694	66.26	65.33	94.89	99.14

表1-3（续）

序号 i	取样时间 t_i/s	液面至取样口高 H_i/mm	总固体含量 $S_i/(g \cdot L^{-1})$	悬浮物浓度 $c_i/(g \cdot L^{-1})$	残余悬浮物百分率 $P_i/\%$	颗粒沉降速度 $v_i/(cm \cdot min^{-1})$
4	70	692	64.43	63.50	92.23	59.31
5	105	690	60.86	59.93	87.04	39.43
6	210	688	54.31	53.38	77.53	19.66
7	420	686	46.99	46.06	66.90	9.80
8	525	685	45.70	44.77	65.03	7.83
9	700	683	43.00	42.07	61.10	5.85
10	1050	680	40.26	39.33	57.12	3.89
11	1400	678	37.38	36.45	52.94	2.91
12	2100	676	34.16	33.23	48.26	1.93
13	4200	673	20.93	20.00	29.05	0.96
14	8400	670	1.73	0.80	1.16	0.48

试验人：_____   审核：_____   批准：_____

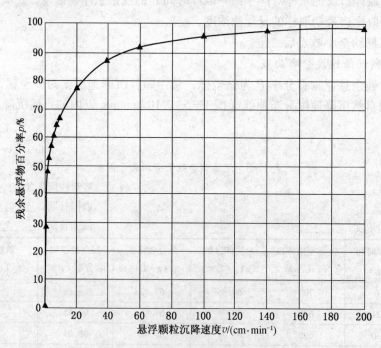

图1-5 自然沉降速度分布曲线示例

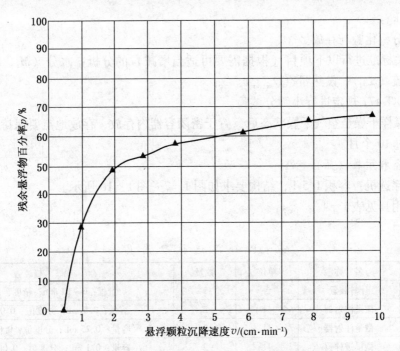

图 1-6 10 cm/min 以内的自然沉降速度分布曲线

第三节　实验室浮选试验方法

一、实验室单元浮选试验

1. 适用范围

适用于烟煤和无烟煤。

2. 煤样

（1）采自煤芯煤样。

按照 MT/T 320—1993 第 5 章规定缩取复筛分产品中粒度小于 0.5 mm 的煤粉，质量不少于 1 kg。

（2）采自煤层煤样或生产煤样。

按照 GB/T 477 进行筛分试验后，分别缩取自然级和破碎级中粒度小于 0.5 mm 的煤粉，并按其占原煤比例掺和，其质量不少于 10 kg。

（3）采自选煤厂浮选入料。

按照 MT/T 808—1999 第 3 章的规定，采取未添加任何浮选药剂的浮选入料，总质量不少于 10 kg。

（4）分析化验与存放。

按有关标准进行以下项目（根据需要可适当增减）的分析：水分（M_t，M_{ad}）、灰分（A_d）、全硫（$S_{t,d}$）、发热量（$Q_{net,ar}$）。

按 GB/T 477 规定进行小筛分试验。

试验煤样干燥至空气干燥状态后，置于密闭容器内存放，存放地点要保持干燥，存放时间不超过 10 个月。

3. 设备和用具（品）

（1）浮选机：容积 1.5 L，结构要求如图 1-7 ~ 图 1-10 所示。

（2）用具见表 1-4。

表 1-4　浮 选 试 验 用 具

序　号	名　称	单位	数量	规　格
1	计时装置	台	1	量程：0 ~ 10 min；精度：1 s
2	微量注射器	只	2	容量：0.5 mL；分度值：0.02 mL
3	微量注射器	只	2	容量：0.25 mL；分度值：0.01 mL
4	微量进样器	只	2	容量：0.1 mL；分度值：0.002 mL
5	微量进样器	只	2	容量：0.025 mL；分度值：0.0005 mL
6	电子天平	台	1	最大称量：2000 g；感量：0.01 g
7	鼓风干燥箱	台	1	0 ~ 300 ℃，温度可调
8	大盆	个	50	容量：3 ~ 6 L
9	中、小盆	个	50	容量：1.5 ~ 2.5 L
10	大量杯	个	2	容量：2 L
11	中量杯	个	2	容量：1 L
12	洗瓶	个	2	容量：1 L

4. 试验煤样和浮选剂量的计算

（1）试验煤样的质量按式（1-7）计算：

$$W = \frac{VC}{100 - M_{ad}} \times 100 \qquad (1-7)$$

式中　　W——试验用煤样质量，g；

　　　　V——浮选机槽体体积，L；

　　　　C——矿浆浓度，g/L；

　　　　M_{ad}——试验煤样空气干燥基水分，%。

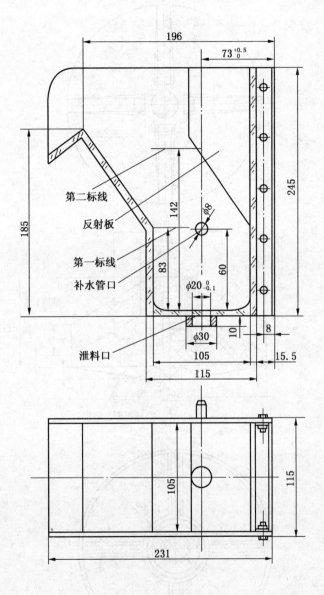

图 1-7 浮选槽

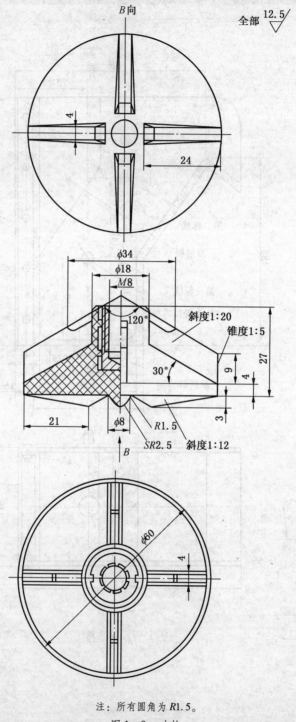

B向

全部 12.5∕

4

24

φ34
φ18
M8
120°
斜度1:20
锥度1:5
27
9
4
30°
21
φ8
3
R1.5
SR2.5
斜度1:12
B

φ60
4

注：所有圆角为 R1.5。

图 1-8 叶轮

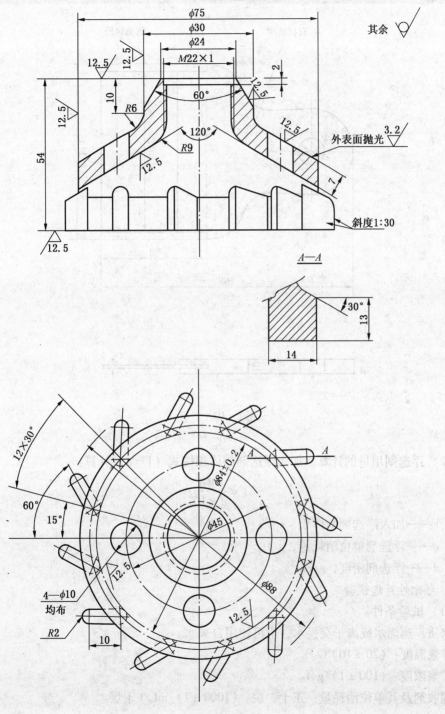

其余 ▽

φ75
φ30
φ24
M22×1
12.5
12.5
2
10
R6
60°
12.5
12.5
120°
R9
54
12.5
12.5
12.5
外表面抛光 3.2 ▽
7
斜度1:30
12.5

A—A

30°
13
14

12×30°
60°
15°
φ84±0.2
A
A
φ45
φ88
12.5
4—φ10
均布
12.5
R2
10

图 1-9 定子

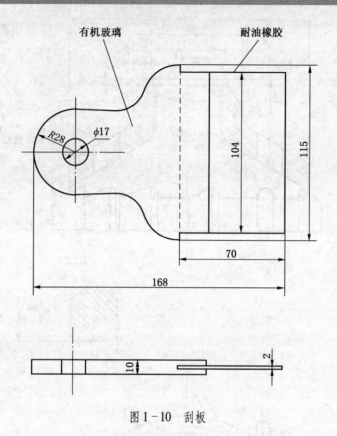

图 1 - 10 刮板

（2）浮选剂用量的计算。加入浮选剂的体积按式（1 - 8）计算：

$$V = \frac{Wq}{d \times 10^6}$$

（1 - 8）

式中　V——加入浮选剂的体积，cm^3；

q——浮选剂单位消耗量，g/t；

d——浮选剂密度，g/cm^3。

5. 可比性浮选试验

（1）试验条件。

水质：蒸馏水或离子交换水，也可使用自来水。

矿浆温度：（20 ± 10）℃。

矿浆浓度：（100 ± 1）g/L。

捕收剂及其单位消耗量：正十二烷，（1000 ± 1）mL/t 干煤。

起泡剂及其单位消耗量：4 -甲基-2 戊醇，（100 ±1）mL/t 干煤。

浮选机叶轮转速：1800 r/min。

浮选机叶轮直径：60 mm。

浮选机单位充气量：0.25 $m^3/(m^2 \cdot min)$。

（2）试验步骤。

向浮选槽加水至第二标线（图 1 - 7），开动并调试浮选机，使叶轮转速、单位充气量达到规定值，停机，关闭进气阀门，放完浮选槽内的水。

向浮选槽加水至第一标线（图 1 - 7），开动浮选机后向槽内加入称量好的煤样（准确到 0.1 g），搅拌至煤样全部润湿后，再加水使煤浆液面达到第二标线。

搅拌 2 min 后向煤浆液面下加入捕收剂。经过 1 min 后再向煤浆液面下加入起泡剂。

搅拌 10 s 后，打开进气阀门，同时开始刮泡（人工刮泡或机械刮泡），应随着泡沫层厚度的变化全槽宽收取精矿泡沫（切勿刮出矿浆），控制补水速度，使在整个刮泡期间保持矿浆液面恒定。刮泡后期应用洗瓶将浮选槽壁的颗粒冲洗至矿浆中。

刮泡至 3 min 后，停止刮泡，并关闭进气阀门及搅拌电机，把尾煤放至盆内。沉积在浮选槽下部的颗粒要清洗至尾煤盆中。粘在刮板及浮选槽唇边、槽壁的颗粒应收至精煤产品中。向浮选槽加入清水，并开动浮选机搅拌清洗直至浮选槽干净为止，再将清洗水放至盛放尾煤的容器。

将各产物分别脱水后置于不超过 75 ℃ 的恒温干燥箱中进行干燥。冷却至空气干燥状态后分别称量，测定灰分，必要时测定硫分。

重复试验一次。

（3）试验结果整理。

以精煤和尾煤质量之和作为 100%，分别计算其产率。

试验允许差值：质量损失不得超过 3%。

灰分允许差值：

当煤样（浮选入料）灰分小于 20% 时，与计算原煤灰分的相对差值不得超过 ±5%；

当煤样（浮选入料）灰分大于或等于 20% 时，与计算原煤灰分的绝对差值不得超过 ±1%。

对于平行试验，两次平行试验的精煤产率允许误差应小于或等于 1.6%。精煤灰分允许误差：当精煤灰分小于或等于 10% 时，绝对误差小于或等于 0.4%；当精煤灰分大于 10% 时，绝对误差小于或等于 0.5%。

6. 浮选参数试验

（1）概述。

本试验分4个阶段进行，即浮选药剂选择试验、浮选条件选择试验、分次加药试验及流程试验。各阶段试验完成后应进行鉴定试验。

推荐采用正交设计进行浮选参数试验。

除给出的条件外，其余的浮选试验条件一律同可比性浮选试验。

（2）浮选药剂选择试验。

基本要求：成分稳定、无毒无害（符合环保标准）、来源丰富、价格低廉、作用效果良好，能得到合乎质量要求的精煤及尾煤产品。

建议采用表1-5所列浮选药剂品种进行试验，可根据实际情况增减。

表1-5 浮选药剂品种及其用量

药剂种类	药剂品种	用量范围/(g·t^{-1})	备 注
捕收剂	−10号轻柴油或0号轻柴油	500~1250	轻柴油密度：0.82~0.85 g/cm^3
	煤油		煤油密度：0.78~0.80 g/cm^3
起泡剂	GF油	50~200	密度：0.88~0.90 g/cm^3；羟基：≥160 mg/g（以KOH计）；颜色：深褐
	LF油		密度：0.84~0.86 g/cm^3；羟基：≥180 mg/g（以KOH计）；颜色：浅黄
	仲辛醇		辛醇含量不少于87%

根据试验目的，用浮选精煤灰分、浮选精煤产率和MT 180—1988的浮选完善指标 η_{wf} 三项指标综合评价试验结果，优选药剂配方。必要时测定泡沫精煤浓度，作为选择药剂评价条件之一。

对选用的药剂品种及用量进行验证试验。

（3）浮选条件选择试验。

本组试验在确定了药剂品种及用量的基础上进行。建议进行下列条件试验（可根据实际情况，增减试验条件及试验水平）：

矿浆浓度：50 g/L、75 g/L、100 g/L、125 g/L。

单位充气量：0.15 m^3/(m^2·min)、0.25 m^3/(m^2·min)、0.35 m^3/(m^2·min)。单位充气量与空气流量的换算关系见表1-6。

叶轮转速：1600 r/min、1800 r/min、2000 r/min。

选择最佳条件。进行正交试验结果分析，得出最佳浮选条件，进行验证试验后确定。

（4）分次加药试验及流程试验。

表1-6 单位充气量与空气流量换算表（按图1-7尺寸计算）

单位充气量/[m³·(m²·min)⁻¹]		0.15	0.25	0.35
空气流量	m³/h	0.10	0.17	0.23
	L/min	1.67	2.75	3.85

分次加药方法：浮选剂分次加药试验分 A、B 两组进行。

A 组试验药剂分两次进行添加，以 A1、A2 分别表示两次加药量。A1 量与 A2 量比值可选择总药量的 70%：30%，或 50%：50%，或 30%：70% 中的一组进行。加入 A1 后，浮选 1 min，加入 A2，再浮选 2 min，完成 A 组试验。

B 组试验药剂分两次进行添加，以 B1、B2 分别表示两次加药量。B1 量应与 A1 量相同，B2 量应与 A2 量相同。加入 B1 后，浮选 2 min，加入 B2，再浮选 2 min，完成 B 组试验。

分次加药操作方法：在第一段浮选时间后，计时器增设第 2 次加药操作和搅拌时间 20 s。刮泡至第一段浮选时间结束后，同时停止刮泡器和关闭进气阀门，向矿浆液面下第二次加入药剂，搅拌至 20 s 时，同时打开进气阀门，开始刮泡至浮选完为止。

流程试验：当一次浮选流程不能选出符合质量要求的产品时，应进行流程试验。按产品要求可进行粗选精煤的精选试验和中煤精选试验。

精选试验方法：将需精选的泡沫产品全部倒入浮选槽内，开动浮选机，加水至煤浆液面达第二标线，搅拌 30 s 后打开进气阀门，刮泡 2 min。

如精选不完全，可按上述要求加入少量药剂，刮泡至浮选完为止。

验证试验：按所得到的最佳试验结果，分别进行分次加药试验和流程试验的验证试验。

（5）鉴定试验（浮选速度试验）。

采用上述（2）~（4）确定的最佳条件进行鉴定试验，按浮选时间 0.25 min、0.25 min、0.5 min、1 min、1 min、2 min 分别收取产物 1~产物 6。尾煤为产物 7。

重复最佳条件试验，分选出最终产品分析所需试样。

对最终产品测定其矿浆浓度（ρ）、灰分（A_d）、水分（M_{ad}）、硫分（$S_{t,d}$）、发热量（$Q_{net,ar}$）、挥发分（V_{daf}）、黏结指数（$G_{R.I.}$）或胶质层指数（X，Y）（后三项只限于精煤）。

参照 GB/T 477—2008 进行最终产品（精煤和尾煤）粒度分析。尾煤试样不得少于 50 g，筛分级别至少为 4 级：大于 0.25 mm、0.25~0.125 mm、0.125~0.045 mm 和小于 0.045 mm。

（6）试验结果整理及表述。

试验结果整理按"可比性浮选试验"规定执行。

对最佳浮选参数及试验结果做简单综述。

根据产品分析结果解释浮选试验结果。

用浮选速度试验结果绘制可浮性曲线图,如图1-11所示。

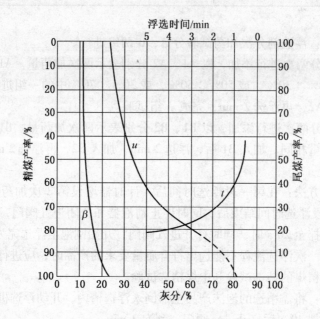

β—精煤产率—灰分曲线;u—尾煤产率—灰分曲线;t—浮选时间—精煤产率曲线

图1-11 可浮性曲线图

按照GB/T 30047—2013评定煤样的可浮性。

7. 试验记录表

相关试验记录表填写参见表1-7~表1-9。

8. 单元浮选试验结果示例

单元浮选试验结果示例见表1-10、表1-11。

二、煤粉(泥)浮选试验

(一)试验过程

1. 试验流程

将试验煤样和水放入浮选槽内搅拌,形成矿浆,加入捕收剂和起泡剂,开启充气阀门,选出浮选精煤和尾煤,并分别测定产率与灰分。

表1－7　单元浮选试验原始记录

试验编号：＿＿＿＿　　煤样名称：＿＿＿＿　　矿浆预搅拌时间：＿＿＿＿min　　煤样粒度：＿＿＿＿mm　　浮选机容积：＿＿＿＿L

试验日期：＿＿＿＿　　矿浆与捕收剂接触时间：＿＿＿＿min

序号	固定条件	可变条件	精煤						尾煤						计算入料		
			产品编号	盘号	质量 ω/g	产率 γ/%	灰分 A_d/%	硫分 $S_{t,d}$/%	产品编号	盘号	质量 ω/g	产率 γ/%	灰分 A_d/%	硫分 $S_{t,d}$/%	质量 ω/g	灰分 A_d/%	硫分 $S_{t,d}$/%

表 1-8　单元浮选试验结果

序号	试验条件			捕收剂		起泡剂		浮选精煤			浮选尾煤			计算结果			
	矿浆浓度/(g·L⁻¹)	单位充气量/[m³·(m²·min⁻¹)]	叶轮转速/(r·min⁻¹)	名称	用量/(g·t⁻¹)	名称	用量/(g·t⁻¹)	产率 γ/%	灰分 A_d/%	硫分 $S_{t,d}$/%	产率 γ/%	灰分 A_d/%	硫分 $S_{t,d}$/%	计算入料灰分 A_d/%	计算入料硫分 $S_{t,d}$/%	浮选完善指标 η_{wt}/%	精煤数量指数 η_{Lt}/%

表1-9　浮选速度试验记录

试验编号：_____　　煤样名称：_____　　　　　　　煤样粒度：_____mm

浮选机容积：_____L　叶轮转速：_____r/min　单位充气量：_____m³/(m²·min)

入料浓度：_____g/L　捕收剂名称及单位消耗量：_____g/t

起泡剂名称及单位消耗量：_____g/t　　　　　　　　　　试验日期：_____

产品编号	盘号	浮选产品	浮选时间/min	质量ω/g	产率γ/%	灰分A_d/%	硫分$S_{t,d}$/%	累计产率$\sum\gamma$/%	平均灰分A_d/%	平均硫分$S_{t,d}$/%
		第一精煤	0.25							
		第二精煤	0.25							
		第三精煤	0.50							
		第四精煤	1.00							
		第五精煤	1.00							
		第六精煤	2.00							
		尾煤	—							
		合计	5.00							

表1-10　可比性浮选试验结果

煤样名称：_____　　　　采样日期：_____　　　　　　煤样粒度：_____

煤样灰分：_____　　　　煤样硫分：_____　　　　　　试验日期：_____

产品名称	精　煤				尾　煤				计算入料			
	质量ω/g	产率γ/%	灰分A_d/%	硫分$S_{t,d}$/%	质量ω/g	产率γ/%	灰分A_d/%	硫分$S_{t,d}$/%	质量ω/g	产率γ/%	灰分A_d/%	硫分$S_{t,d}$/%
试验结果1												
试验结果2												
综合结果												
试验误差												

表 1-11 最佳浮选参数及试验结果

序号	最佳浮选参数			最佳浮选参数试验结果			
	参　数	数量	名　称	产率 γ/%	灰分 A_d/%	硫分 $S_{t,d}$/%
1	捕收剂名称及消耗量/$(mL \cdot t^{-1})$		入料			
2	起泡剂名称及消耗量/$(mL \cdot t^{-1})$		精煤			
3	矿浆浓度/$(g \cdot L^{-1})$		中煤			
4	浮选机单位充气量/$[m^3 \cdot (m^2 \cdot min)^{-1}]$		尾煤			
5	浮选机叶轮转速/$(r \cdot min^{-1})$		泡沫精煤浓度 P/%			
6	加药方式		浮选完善指标 η_{wf}/%			
7	浮选流程		可燃体回收率 E_c/%			

2. 浮选剂

捕收剂：正十二烷，分析纯，密度为 0.748 ~ 0.751 g/cm³。

起泡剂：4-甲基-2-戊醇（甲基异丁基甲醇 MIBC），分析纯，密度为 0.807 g/cm³。

3. 试验设备和用具（品）

1）试验设备

试验设备示意图如图 1-12 所示。

（1）槽体容积为 3.5 L 的机械搅拌式浮选机。

（2）浮选槽体用有机玻璃或不锈钢制造，槽体尺寸如图 1-13 所示，容积 3.5 L，槽体侧面刻有第一标线（加入试验煤样后预搅拌时的液面）和第二标线（正常浮选时的液面）。

（3）浮选槽内装有反射板。

（4）刮板厚度 1 ~ 2 mm。

（5）叶轮及定子材质为优质尼龙或不锈钢，叶轮转速为 1500 r/min（相当于线速度 5.7 m/s）。

2）试验用具（品）（表 1-12）。

表 1-12 试验用具（品）

序号	名　称	规　格
1	试验筛	筛孔尺寸：0.5 mm、0.25 mm、0.125 mm、0.075 mm、0.045 mm
2	计时装置	最大量程 20 min，精度 1 s

表 1 - 12（续）

序号	名　　称	规　　格
3	微量注射器	容量：1.0 mL、0.5 mL、0.25 mL
4	微量进样器	容量：0.1 mL、0.05 mL、0.025 mL
5	天平	最大称量 1000 g，感量 0.01 g
6	鼓风干燥箱	0 ~ 300 ℃，温度可调
7	盆	容量：3 ~ 6 L
8	洗瓶	500 mL
9	正十二烷（捕收剂）	分析纯，密度 0.748 ~ 0.751 g/cm³；馏程 214 ~ 218 ℃（95%）
10	4 - 甲基 - 2 - 戊醇（甲基异丁基甲醇 MIBC，起泡剂）	分析纯，密度 0.807 g/cm³；蒸馏范围：初馏点 128 ℃；128 ~ 130 ℃，3.9 mL；130 ~ 131.9 ℃，95 mL；干点 131.9 ℃

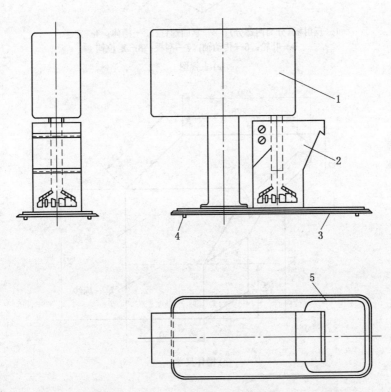

1—驱动装置；2—槽体；3—金属底座；4—调整螺钉；5—橡胶垫

图 1 - 12　试验设备示意图

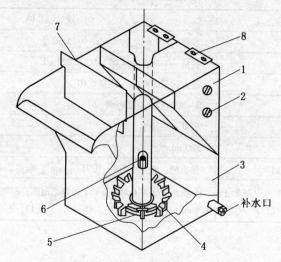

1—反射板(分为两部分); 2—紧固螺钉; 3—槽体; 4—定子;
5—叶轮; 6—传动轴; 7—刮板; 8—定位钩

(a) 主视图

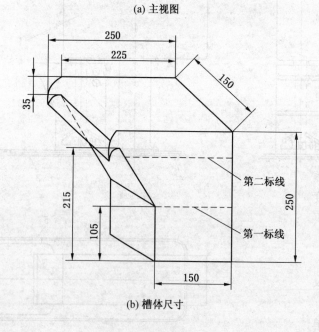

(b) 槽体尺寸

图 1-13 浮选机槽体

4. 煤样的采取和制备

1）煤粉煤样

煤粉煤样的采取和制备应按照 GB 474—2008 和 GB/T 4757—2013 规定执行，煤样粒度上限为 0.5 mm。试验用煤样质量不少于 2 kg。

2）矿浆煤样

采自厂未添加浮选剂的浮选入料，烘干至空气干燥状态，其质量不少于 2 kg；也可直接将矿浆煤样配制成试验要求的浓度。

3）分析化验与存放

全水分按照 GB/T 211 规定测定。

灰分按照 GB/T 212 规定测定。

筛分试验按照 GB/T 477 规定进行。

试验煤样干燥至空气干燥状态后，置于密闭容器内存放，存放地点要保持干燥，存放时间不超过 10 个月。

4）试验煤样称量

一次试验所需煤样质量按式（1-9）计算：

$$W = \frac{VC}{100 - M_{ad}} \times 100 \tag{1-9}$$

式中　　W——一次试验煤样质量，g；

　　　　V——浮选槽容积，L；

　　　　C——矿浆浓度，g/L；

　　　　M_{ad}——试验用煤样空气干燥基水分，%。

5. 试验条件

（1）矿浆温度：（25 ± 10）℃。

（2）水质：蒸馏水、离子交换水，也可使用自来水。

（3）矿浆浓度：（100 ± 1）g/L。

（4）矿浆液面：充气状态下，叶轮转速 1500 r/min 时，矿浆液位应在溢流堰下（20 ± 2）mm。

（5）捕收剂及其用量：正十二烷，1 mL/kg 干煤泥。

（6）起泡剂及其用量：4-甲基-2-戊醇（甲基异丁基甲醇 MIBC），0.1 mL/kg 干煤泥。

（7）浮选机单位充气量：（0.25 ± 0.025）m³/（m² · min）。

6. 试验步骤

试验前首先测定试验的水分和灰分，按照浮选槽容积和矿浆浓度计算并称量煤样 2 份以备平行试验所用。

向浮选槽内加水至第二标线，开动并调试浮选机，使叶轮转速、单位充气量均达到规定值，停机，关闭进气阀门，放空浮选槽内的水。

向浮选槽内加水至第一道标线，开动浮选机后，再向浮选机槽内加入称量好的试验煤样（精确至 0.1 g）。搅拌至煤样全部湿润后，再加水，使煤浆液面达到第二道标线。

搅拌 2 min 后向煤浆液面下加入捕收剂，1 min 后，再向煤浆液面下再加入起泡剂。

搅拌 10 s 后，打开进气阀门，同时开始刮泡（人工刮泡或机械刮泡），应随着刮泡厚度的变化，全槽宽收取精煤泡沫（切勿刮出矿浆）至专门容器内。控制补水速度，使矿浆液面在整个刮泡期间保持恒定。刮泡后期应用洗瓶将浮选槽壁的颗粒清洗至煤浆中。

刮泡 3 min 后，关闭浮选机及进气阀门，把尾煤放至专门容器内。沉积在浮选槽底部的颗粒要清洗至尾煤容器中。粘在刮泡板及浮选槽溢流堰、槽壁的颗粒应收至精煤产品中。向浮选槽加入清水并开动浮选机搅拌清洗直至干净为止，再将清洗水放至尾煤的容器内。

将各产物分别脱水置于不超过 75 ℃的鼓风干燥箱中进行干燥，冷却至空气干燥状态后，分别称量并测定灰分。

重复试验一次。

7. 试验允许差值

灰分允许差值：

当煤样（浮选入粒）灰分＜20% 时，与计算原煤灰分的相对差值不得超过 ±5%；

当煤样（浮选入粒）灰分≥20% 时，与计算原煤灰分的绝对差值不得超过 ±1%。

8. 平行试验

两次平行试验的精煤产率允许误差应≤1.6%。精煤灰分允许误差：当精煤灰分≤10% 时，绝对误差≤0.4%；当精煤灰分＞10% 时，绝对误差≤0.5%。

（二）顺序评价试验方法

1. 试验流程

首先按照上述（一）规定，对试验煤样进行粗选，然后依次对粗选的尾矿和精煤进行多次扫选和精选，流程如图 1－14 所示。

2. 试验用煤粉煤样、矿浆煤样及试验设备和用具（品）

试验所用煤粉煤样、矿浆煤样及试验设备和用具（品）同（一）中的规定。

3. 试验条件

1）捕收剂用量

首先按照（一）进行初步试验，根据试验结果可参照表 1－13 确定顺序评价试验捕收剂用量。

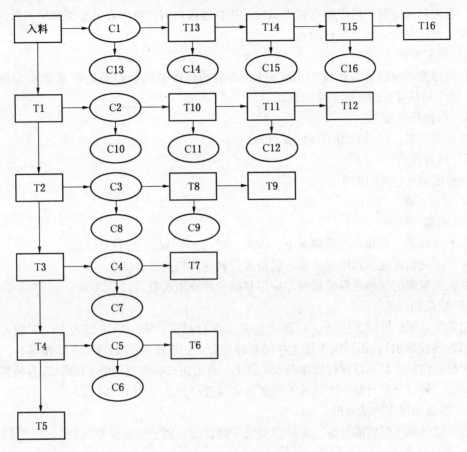

图 1-14 顺序评价试验流程

表 1-13 捕收剂用量参考表

浮选精煤产率/%	用量/(mL·kg^{-1}干煤泥)	浮选精煤产率/%	用量/(mL·kg^{-1}干煤泥)
$r < 40$	1	$40 \leqslant r \leqslant 80$	0.10
$40 \leqslant r < 60$	0.25	$r > 80$	0.025

最终试验结果与选择的药剂增量大小无关，有经验的操作者也可以选择其他药剂用量。

2）起泡剂用量

每次扫（精）选都应添加起泡剂 4-甲基-2-戊醇（MIBC），其用量为 0.05 mL/kg 干煤泥。起泡剂用量要严格控制在初步试验的用量范围以内，操作者可根据经验判断选取能维持充足泡沫量所需的起泡剂用量。

3）矿浆浓度

粗选浮选试验的矿浆浓度为 100 g/L，此后的各次精选和扫选的矿浆浓度为前次精（扫）选产物稀释后的实际矿浆浓度。

4）单位充气量

单位充气量：(0.25 ± 0.025) m³/(m²·min)。

5）试验温度

试验温度：$(25 \pm 10)℃$。

4. 试验步骤

1）粗选

在不添加捕收剂和起泡剂情况下，参照上述（一）规定进行粗选试验。

保留浮选精煤泡沫和尾煤矿浆，以备进行精选和扫选试验。

在收集精煤泡沫和尾煤矿浆时，应尽量减少冲洗用水量。

2）精选和扫选

粗选浮选尾矿按照上述（一）规定的方法进行扫选，第一段按照表 1-13 加入捕收剂（以后逐段增加），以回收未能上浮的可浮颗粒，扫选作业从 T1 到 T5 依次进行，直到尾矿中精煤出量不足入浮煤样质量的 5% 为止。对上述试验所得到的 C1 到 C5 各精煤产物进行精选，然后分别对每一次精选的尾矿再依次进行扫选（图 1-14）。

3）精煤和尾煤产品分析

所有精煤和尾煤均需过滤，干燥至空气干燥状态，测定全水分和灰分。

5. 试验结果

计算入浮原煤质量，各浮选精煤和尾煤产率。

按表 1-14 对粗选和各阶段精（扫）选产品做原始记录。

所有产品（浮选精煤和尾煤）按灰分由小到大的顺序排列，计算累计产率和累计灰分，绘制产率——灰分关系曲线。

6. 灰分允许差值

当煤样（浮选入粒）灰分<20%时，与计算原煤灰分的相对差值不得超过 ±5%；

当煤样（浮选入粒）灰分≥20%时，与计算原煤灰分的绝对差值不得超过 ±1%。

7. 平行试验

两次平行试验的精煤产率允许误差应≤1.6%。精煤灰分允许误差：当精煤灰分≤10%时，绝对误差≤0.4%；当精煤灰分>10%时，绝对误差≤0.5%。

（三）释放评价试验方法

表 1-14　顺序评价试验原始记录

煤样名称：_____　　　　　采样日期：_____　　　　　试验日期：_____

执行标准：_____　　　　　煤样灰分：_____%　　　　煤样质量：_____g

试验温度：_____℃　　　　单位充气量：_____ m³/(m²·min)

产品名称	质量/g	产率/%	灰分/%
C6			
C7			
…			
C16			
T5			
T6			
T7			
T9			
T12			
T16			
合计			

1. 原则

浮选试验分两个阶段进行：第一阶段调节浮选剂添加量，第二阶段调节浮选充气量，利用试验结果给出产率——灰分曲线。

2. 试验所用浮选剂、煤样、试验设备和用具（品）

试验所用浮选剂、煤样、试验设备和用具（品）与上述（一）相同。

3. 试验条件

浮选机单位充气量调节范围为 $0.015 \sim 0.12$ m³/(m²·min)，其他试验条件同上述（一）规定执行。

4. 试验步骤

1）试验准备

煤粉煤样：

若煤样为煤粉，在浮选槽内加水至第一标线，并启动浮选机，将称量好的煤样缓缓倒入浮选槽内，加水至第二标线，叶轮转速 1500 r/min，搅拌 10 min。

矿浆煤样：

若煤样为矿浆，将配置好的矿浆煤样直接加入浮选槽内至第二标线，叶轮转速 1500 r/min，搅拌 2 min。

2）粗选

粗选阶段，浮选剂分 7 次加入，每次加入的药剂量为：捕收剂 0.09 mL/kg 干煤泥，起泡剂 0.01 mL/kg 干煤泥。根据最初入浮煤样质量计算浮选剂实际加入量。

以下试验重复 7 次，并将刮出的泡沫收集到同一容器内。将槽中尾煤矿浆排出，放入编号为尾煤 1 的容器中：

（1）将捕收剂加入浮选槽内，在不充气条件下搅拌 1 min，然后再加入起泡剂，搅拌 10 s 后打开进气阀门，浮选机单位充气量调至 0.12 $m^3/(m^2 \cdot min)$；

（2）充气 30 s 后开始刮泡，刮泡时间 1 min；

（3）关闭进气阀门。

3）精选

精选时加入的浮选剂用量为：捕收剂 0.18 mL/kg 干煤泥，起泡剂 0.02 mL/kg 干煤泥，根据最初入浮煤样质量计算实际加入量；将粗选精煤矿浆倒入浮选槽内，加水至第二标线，启动浮选机，加入捕收剂，搅拌 1 min 后，再加入起泡剂，搅拌 10 s；按以下步骤分别收集 1~9 个精煤产物，分别放入对应编号的容器中：

（1）打开进气阀门，单位充气量调节至 0.015 $m^3/(m^2 \cdot min)$，刮泡 30 s，收集精煤产物 1；再刮泡 30 s，收集精煤产物 2；

（2）单位充气量调节至 0.03 $m^3/(m^2 \cdot min)$，刮泡 30 s，收集精煤产物 3；再刮泡 30 s，收集精煤产物 4；

（3）单位充气量调节至 0.06 $m^3/(m^2 \cdot min)$，刮泡 60 s，收集精煤产物 5；再刮泡 60 s，收集精煤产物 6；

（4）单位充气量调节至 0.12 $m^3/(m^2 \cdot min)$，刮泡 60 s，收集精煤产物 7；再刮泡 60 s，收集精煤产物 8；

（5）收集最后精煤产物 9。

注意：浮选剂应添加到矿浆以下；充气量的调节应在 10 s 内完成，调节误差控制在 10% 以内；同时根据实际情况，收集精煤产物的精量可适当减少，但不少于 4 个。

将槽中尾煤矿浆排出，放入编号为尾煤 2 的容器中。

4）产品处理

所有精煤和尾煤均需过滤，干燥至空气干燥状态，称量并化验灰分。

5. 试验允许误差

质量损失：质量损失不得超过 3%；

灰分允许差：当煤样（浮选入粒）灰分 < 20% 时，与计算原煤灰分的相对差值不得超过 ±5%；当煤样（浮选入粒）灰分 ≥ 20% 时，与计算原煤灰分的绝对差值不得超过 ±1%。

6. 平行试验

两次平行试验的精煤产率允许误差应≤1.6%。精煤灰分允许误差：当精煤灰分≤10%时，绝对误差≤0.4%；当精煤灰分＞10%时，绝对误差≤0.5%。

（四）试验报告

试验报告均应包括以下内容：

（1）试验日期。

（2）采样日期。

（3）煤样来源及制备。

（4）执行标准。

（5）煤样的粒度组成。

（6）入料、精煤和尾煤的干基质量、产率和灰分。

（7）其他试验参数，如试验温度等。

（8）试验结果及以图、表形式表现的产率—灰分曲线或迈耶尔曲线。

（9）其他未规定的操作、参考或可选择的标准。

三、煤炭可浮性评定方法

1. 煤炭可浮性的评定原则

煤炭的可浮性是指在要求的精煤质量指标前提下，其粉煤（＜0.5 mm）浮选的难易程度。它取决于煤的岩相组成、伴生矿物的性质、煤的变质程度、密度组成特性、煤表面的氧化程度和药剂的相互作用，以及在浮选过程中所采用的工艺条件等。因此，煤炭的可浮性既受煤炭本身浮游特性的影响，也受浮选过程中多种工艺条件的影响，广大的选煤工作者普遍认为目前应以煤炭的实验室浮选试验结果作为评价煤炭可浮性的依据，因为它不仅是各种影响可浮性因素的综合反映，而且更接近于生产实际，具有较好的现实性。该评定办法适用于粒度小于0.5 mm的烟煤和无烟煤。

2. 煤炭可浮性评定指标

采用灰分符合要求条件下的浮选精煤可燃体回收率作为评定煤炭可浮性的指标。浮选精煤可燃体回收率的计算见式（1-10）：

$$E_c = \frac{\gamma_c (100 - A_{d.c})}{100 - A_{d.f}} \times 100 \qquad (1-10)$$

式中 E_c——精煤可燃体回收率,%；

γ_c——精煤理论产率,%；

$A_{d.c}$——精煤干基灰分,%；

$A_{d.f}$——入料干基灰分,%。

计算结果取小数点后一位，式中产率和灰分的数值取小数点后二位。

3. 可浮性等级及划分指标

煤炭可浮性分为易浮、中等可浮、较难浮、难浮和极难浮 5 个等级。煤炭可浮性等级及划分指标见表 1-15。

表 1-15 煤炭可浮性等级及划分指标

精煤可燃体加收率 E_c/%	可浮性等级	精煤可燃体加收率 E_c/%	可浮性等级
≥90.1	易浮	40.1~60.0	难浮
80.1（包括）~90.0（包括）	中等可浮	≤40.0	极难浮
60.1（包括）~80.0（包括）	较难浮		

第四节 机械化采样方案的设计

一、概述

机械化采样根据采样地点不同大体可分为移动煤流采样和静止煤采样，依据不同的采样地点和要求选择不同类型的采样化机械。与人工采样一样，对采样的方案也需要进行专门设计，以满足采样的代表性和对精密度的要求。

二、机械化采样方案设计的基本流程

(1) 确定煤源、批量和标称最大粒度；

(2) 确定欲测定的参数和需要的试样类型；

(3) 选择采样方式是用连续采样还是间断采样；

(4) 确定或假定要求的精密度；

(5) 决定将子样合并成总样的方法和制样方法；

(6) 测定或假定煤的变异性（即初级子样方差，采取单元方差和制样、化验方差）；

(7) 确定采样单元数和采样单元的子样数；

(8) 根据标称最大粒度确定总样的最小质量和子样的平均最小质量；

(9) 决定采样方式和采样基：系统采样、随机采样或分层随机采样；时间基采样或质量基采样，并确定采样间隔（min 或 t）。

三、采样方案各阶段相关参数的确定

1. 确定煤源、批量和试样类型

采样方案设计的第一步是确定欲采样的煤的来源，是自产煤还是外购煤；品种；被采样煤的批量；标称最大粒度，可通过粒度筛分试验或客户委托单注明的数据予以确定。

2. 确定欲测定的参数和需要的试样类型

根据采样的目的——技术评定、过程控制、质量控制或商业目的决定试样的类型：一般分析试验煤样、水分煤样、粒度分析煤样或其他专用煤样。根据采样目的和试样类型决定测定的品质参数：灰分、水分、粒度组成或其他物理化学特性参数。

3. 采样方式的确定

连续采样是对一批煤的所有采样单元都采样，而且每个采样单元的采样间隔（时间或质量）都相同。

当对同一煤源的同一类煤进行例行采样时，也可用间断采样，即只从一批煤的某几个采样单元采样，其他单元不采样。此时，如果试验证明用系统选择法选取采样单元不会产生偏倚（如由于煤炭品质随着时间变化而导致的偏倚），则可用系统选择法选择采样单元；否则应该用随机方法选取采样单元。每一采样单元应有相等的最少子样数目。

由于间断采样只对一批煤的部分采样单元采样，其试验结果很难保证达到要求的精密度。因此，应按 GB/T 19494.3 所述方法对采样单元间的变异性进行测定，如果彼此间的变异性太大，就必须用连续采样。

使用间断采样应取得合同各方同意，并记入采样报告中。

4. 确定或假定要求的精密度

采样精密度可以根据采样目的、试样类型和合同各方的要求进行确定，在没有协议精密度情况下也可参考表 1-16 确定。

表 1-16　煤炭采、制、化总精密度

煤炭品种	精密度 A_d/%	煤炭品种	精密度 A_d/%
精煤	±0.8%	其他煤	$\pm\dfrac{1}{10}A_d$，但≤1.6%

精密度确定后，应在例行采样中用 GB/T 19494.3 所述的多份采样方法来确认精密度是否达到要求。

5. 决定将子样合并成总样的方法和制样方法

子样合并成总样可以选择将所采子样全部合并成总样，也可对所采子样经过缩分后合并成总样，一般来说机械化采样初级子样质量较大，可选择将子样缩分后合并成总样的方式以减少总样质量。

制样的方法可以选择人工，也可以选择机械，在此不做赘述。

6. 测定或假定煤的变异性（即初级子样方差，采取单元方差和制样、化验方差）

1）初级子样方差确定

初级子样方差取决于煤的品种、标称最大粒度、加工处理和混合程度、欲测参数的绝对值以及子样质量。初级子样方差 V_1，可用下述方法之一求得：

（1）用 GB/T 19494.3 所述的方法之一直接测定；

（2）根据类似的煤炭在类似的采样系统中测定的子样方差确定；

（3）在没有子样方差资料的情况下，可开始假定 $V_1 = 20$，然后在采样后按 GB/T 19494.3 规定的方法之一核对。

2）采样单元方差

采样单元方差 V_m 的影响因素和初级子样方差相同，只是影响程度较小。

采样单元方差可以根据过去的资料来确定，也可按 GB/T 19494.3 规定的方法测定，否则应假定其起始值为5。

3）制样和化验方差

制样和化验方差 V_{PT} 可用下述方法之一求得：

（1）用 GB/T 19494.3 所述方法之一直接测定；

（2）根据类似的煤炭用类似的制样程序测得的值确定；

（3）在没有制样和化验方差资料的情况下，可开始假定 $V_{PT} = 0.2$，然后在制样和化验后按 GB/T 19494.3 规定的方法之一核对。

7. 确定采样单元数和采样单元的子样数

同一批煤可以整个作为一个采样单元，也可划分为数个采样单元，每个采样单元采一个总样。增加采样单元数可以有效提高采样精密度，当采样周期长时亦能有效避免水分损失。

1）V_1、V_m 和 V_{PT} 已知情况下的采样单元数和子样数确定

（1）连续采样。

①采样单元数确定。

在需要划分采样单元时，可按式（1-11）计算起始采样单元数 m：

$$m = \sqrt{\frac{M}{M_0}} \qquad (1-11)$$

式中　M_0——起始采样单元煤量，t，对大批量煤（如轮船载煤）M_0 取 5000；对小批量煤（如火车、汽车和驳船载煤）M_0 取 1000；

　　　　M——被采样煤批量，t。

②每个采样单元子样数的确定。

按式（1-12）计算每个采样单元子样数 n：

$$n = \frac{4V_1}{mP_L^2 - 4V_{PT}} \tag{1-12}$$

如计算的 n 值为无穷大（∞）或负数，则证明制样和化验误差较大，在已设定的采样单元数（m）下，达不到要求的精密度。此时或当 n 大到不切实际时，应用下述方法之一增加采样单元数 m：估计一适当的 m 值，然后按式（1-12）计算 n，如计算出的 n 仍不合适，则再给定一 m 值，再计算 n，直到可接受为止；或设定一实际可接受的最大 n 值，然后按式（1-13）计算 m。

$$m = \frac{4V_1 + 4nV_{PT}}{nP_L^2} \tag{1-13}$$

需要时，可将 m 值调大到一适当值，然后重新计算 n。当计算的 n 小于 10 时，取 $n =$ 10。

当一批量大于 5000 t（对大批量煤）或 1000 t（对小批量煤）的煤作一个采样单元采样时，按式（1-14）计算子样数。

$$n = \frac{4V_1}{P_L^2 - 4V_{PT}}\sqrt{\frac{M}{M_0}} \tag{1-14}$$

当一批量小于 5000 t（对大批量煤）或 1000 t（对小批量煤）的煤作一个采样单元采样时，子样数按比例递减，但各子样合并成的总样质量应符合表 1-17 规定，且最少子样数不能少于 10 个。

表 1-17 一般分析试验总样、全水分总样/缩分后总样的最小质量

标称最大粒度/mm	一般分析和共用试样/kg	全水分试样/kg	标称最大粒度/mm	一般分析和共用试样/kg	全水分试样/kg
300	15000	3000	38	85	17
200	5400	1100	31.5	55	10
150	2600	500	25	40	8
125	1700	350	16	20	4
90	750	125	13	15	3
75	470	95	11.2	13	2.5
63	300	60	10	10	2
50	170	35	8	6	1.5
45	125	25	6	3.75	1.25

表 1-17（续）

标称最大粒度/mm	一般分析和共用试样/kg	全水分试样/kg	标称最大粒度/mm	一般分析和共用试样/kg	全水分试样/kg
4	1.5	1	2.0	0.25	—
3	0.7	0.65	1.0	0.10	—

注：1. 表中一般分析试验和共用煤样的质量可将由于粒度特性导致的灰分方差减小到 0.01 相当于 0.2% 灰分精密度。

2. 全水分试样按 GB/T 19494.2 规定从共用试样中抽取。

（2）间断采样。

设定 m 和 u 值，然后按式（1-15）计算 n：

$$n = \frac{4V_1}{uP_L^2 - 4(1 - u/m)V_m - 4V_{PT}} \quad (1-15)$$

如计算的 n 值为无穷大或负数，则证明制样和化验误差较大，在已设定的实际采样单元数（u）下，达不到要求的精密度，此时或当 n 大到不切实际时，应用下述方法之一，增加采样单元数 u：估计一较大的 u 值，然后按（1-15）计算 n，并重复此过程，直到 n 可以接受为止；或设定一实际可接受的最大 n 值，然后由式（1-16）计算 u：

$$u = \frac{4m(V_1/n + V_m + V_{PT})}{mP_L^2 + 4V_m} \quad (1-16)$$

需要时，可将 u 值调大到一适当值，然后按式（1-14）计算 n。当 n 小于 10 时，取 $n = 10$。

2）V_1、V_m 和 V_{PT} 未知情况下的采样单元数和子样数确定

设 $V_1 = 20$、$V_m = 5$ 和 $V_{PT} = 0.2$，分别按式（1-11）和式（1-12）决定采样单元数和每个采样单元的子样数，并在采样后对采样精密度进行核对，需要时对 m、u 和 n 进行调整。

在对低流量煤流或对静止批煤进行非全深度采样时，可分别按式（1-11）和表 1-18 决定在连续采样下精煤和其他煤的采样单元数和每个采样单元的子样数，按式（1-14）决定一批煤作一个采样单元采样的子样数，并在采样后对采样精密度进行核对，需要时，再对 m 和 n 值进行调整。

8. 根据标称最大粒度确定总样的最小质量和子样的平均最小质量

1）总样的最小质量

根据被采煤的标称最大粒度，查表 1-17 确定总样的最小质量。

2）子样的平均最小质量

初级子样质量可根据机械采样器的尺寸、煤的流量等因素计算。大多数机械化采样系

表1-18　相应精密度下，每个采样单元的最少子样数目

品种	精密度/%（干基灰分）	不同采样地点的子样数 n		
		煤流	火车、汽车和驳船	煤堆和轮船
精煤	±0.8	16	22	22
其他煤	$\pm\frac{1}{10}$ 干基灰分，且≤1.6	28	40	40

统的初级子样质量都大大超过构成一个总样所需的质量。为避免试样量过多，可对初级子样进行缩分，或原样缩分或破碎后缩分。但是缩分后初级子样质量应满足式（1-17）规定的平均最小子样质量 $\bar{m}(\text{kg})$ 和式（1-18）规定的绝对最小子样质量 $m_a(\text{kg})$，最少为 0.1 kg。

$$\bar{m} = \frac{m_g}{n} \tag{1-17}$$

式中　m_g——最小总样质量，kg；

　　　n——采样单元子样数。

$$m_a = d^2 \times 10^{-3} \tag{1-18}$$

式中　d——被采样煤标称最大粒度，mm。

9. 决定采样方式和采样基

（1）采样方式可选择系统采样、随机采样或分层随机采样。从保证采样代表性和减少采样偏倚的角度考虑，依次选取分层随机采样、随机采样、系统采样。一般来说移动煤流采样大多选取系统采样，静止煤采样大多选取随机采样或分层随机采样。

采样基可选择时间基或质量基。一般来说移动煤流采样大多选取时间基，静止煤采样大多选取质量基。

（2）移动煤流采样间隔计算：

各子样应均匀分布于整个采样单元中，各初级子样间的时间间隔 $\Delta T(\text{min})$ 按式（1-19）计算：

$$\Delta T = \frac{60m}{Gn} \tag{1-19}$$

式中　m——采样单元煤量，t；

　　　G——煤的最大流量，t/h；

　　　n——子样数。

初级子样按预先设定的时间间隔采取，第1个子样在第1个时间间隔内随机采取，其余子样按相等的时间间隔采取。采样时，应保证截取一完整煤流横截段作为一子样，子样

不能充满采样器或从采样器中溢出。

静止煤采样子样点布置：将静止煤分成若干均等的区域，然后用系统、随机或分层随机的方式选取采样点，使用机械采样工具采取子样。

采样时，采样器应插入煤内由顶到底采取一全深度煤柱子样，或插入煤内一定深度取出一分层子样；采样时，该采的大块煤、硬煤或岩石不能被推开不采，湿煤不能沾在采样器上。

第五节　采样偏倚试验

偏倚即系统误差，它是导致一系列结果的平均值总是高于或低于用一参比采样方法得到的值。采样偏倚试验的目的是对新投入的采样机械或在用的采样方案进行检验，以确定采样系统误差，并判断采样机械或采样方案的可行性。

偏倚试验的原理是对同一种煤采取一系列成对煤样，一个用被试验的采样系统采取，另一个用参比方法采取，然后测定每对煤样的试验结果间的差值，并对这些差值进行统计分析，最后用 t 检验进行判定。

采样偏倚试验程序主要由对采样机械进行预检验；决定参比采样方法和地点；决定测定参数；选择试验煤炭；决定最大允许偏倚；决定试样对的组成，即试样是由一个子样或多个子样组成；试验煤样的采取、制备和化验；试验数据统计分析和结果评定等几大程序组成。

1. 预检验

预检验可以称之为偏倚试验的准备阶段，主要是审查采样设备是否符合相关标准要求、现场查看整个采样系统和各部件、设备试车做空载和重载试验。

2. 决定参比采样方法和地点

参比方法由采样方式决定。移动煤流中采取停皮带采样法，静止煤中采取人工钻孔法。

（1）停皮带采样法。

在装车（船）皮带上采取停皮带总样（由整个采样单元的全部停皮带子样构成），与装车后用螺旋杆采样器或其他采样器对该采样单元采取的总样组成一对试样。先用螺旋杆采样器或其他采样器在车上采样，然后将煤转到带式输送机上，采取停皮带总样，即在装（卸）车皮带上采取停皮带样，在车上采取静止煤样。

（2）人工钻孔法。

在机械采样器采样点附近、煤的状态未被扰乱的区域用人工的方式钻孔采取，采样的深度和直径尽量与机采一致。

3. 决定测定参数

一般选用灰分和水分作为测定参数。灰分值是比较稳定的参数,具有较好的代表性,水分值可以验算系统水分损失。

4. 选择试验煤炭

应选择粒度组成范围较宽,各粒级灰分相差明显的煤进行试验。如被采煤为一种以上时,最好选择一个煤源的煤进行。

5. 决定最大允许偏倚

最大允许偏倚的决定采用下述 3 种方法之一:

(1) 各有关方协商;

(2) 使最大允许偏倚 (B) 和可能产生的最大偏倚相匹配,例如取 10% 的最大颗粒被排斥时的偏倚为最大允许偏倚;

(3) 在没有其他资料可用的情况下,取 B 值为 0.20% ~ 0.30% (灰分或全水分)。

6. 决定煤样对的组成

所采取的每个试样对可以分别由一个或多个子样组成,即可用单个子样对或多个子样构成的总样对进行对比。由多个子样组成的试样对,构成系统试样和参比试样的子样数应固定,并且两个试样的子样数目应一致。

不同试样对组成:

(1) 整个系统试验:由检验系统的最后留样和从一次煤流中用停皮带法采取的参比煤样或用静止煤用参比方法采取的参比煤样构成。

(2) 初级采样器试验:由初级采样器采取的煤样和停皮带参比煤样或用静止煤用参比方法采取的参比煤样构成。

(3) 破碎设备试验:由破碎前和破碎后采取的煤样构成。

(4) 分系统和缩分器试验:①从入料流和出料流中采取的煤样;②从出料流和弃料流中采取的煤样;③收集全部出料和全部弃料所构成的煤样。

煤样对数取决于采样方法的精密度、煤的变异性和最大允许偏倚值。煤样对数可以从以前同类煤炭的试验资料求得。如无资料借鉴,则可开始取 20 对,然后根据它们的标准差和预定的最大允许偏倚来检验其是否足够,如不够,则再补充采取。但煤样对最好一次采足,以免由于两次采样间的操作条件和煤质变化而使两组数据失去一致性,不能合并。所以一般对于水分偏倚试验,煤样对数一次采取 20,对于灰分偏倚试验,一般要采取 40,对于灰分很高、不均匀的原煤,煤样对数一般采取 50 对以上。

7. 试验煤样的采取、制备和化验

1) 采样

(1) 全系统采样。

①移动煤流采样系统。

设定采样间隔，开动带式输送机并供煤。启动采样系统，当初级采样器采取一子样后，立即停住皮带（但制样系统继续运行），按参比采样方法，在初级子样点前或后、紧靠但不交叉、煤流未被扰乱处采取一参比子样，收入一容器中；如试验采样总样对对比，则将整个采样单元的参比子样装入同一容器中构成一参比总样。同时收集采样系统的最后缩分阶段的缩分后留样，或将整个采样单元的缩分后子样收入同一容器中构成一系统总样。两个子样或总样构成一煤样对。同方法操作，直到采取了要求数量的煤样对为止。

②静止煤采样系统。

静止煤采样系统偏倚试验可按下述方法之一采取成对煤样：

方法1：于载煤车厢中部煤炭粒度分布较均匀处，用系统采样器（如螺旋杆）采取一个全深度煤柱子样或深部分层子样并经其制样系统制成一定粒度的试验室煤样；当系统采样器钻至煤层底部时，不要提起，在其旁边紧邻但煤炭状态未被扰乱的部位，按参比采样方法，分数步插入一直径至少为被采样煤标称最大粒度的3倍且一般不小于系统采样器（如螺旋杆）直径的圆筒，每插入一定深度，从筒内取出一部分煤样，直到圆筒插到煤层底部、筒内全部煤样取出为止。将全部煤样合并成一个参比煤样。两煤样构成一子样对。同法操作，直到采取了要求数量的子样对为止。

方法2：在用带式输送机往车内装煤时，以1000 t或一发运批量为一个采样单元，按GB/T 19494.1规定的时间基或质量基采样方法相应的子样质量、子样数目和子样点分布，从煤流中采取一停皮带参比总样。装车后，按GB/T 19494.1静止煤采样方法的子样质量、子样数目和子样点分布，用系统采样器（如螺旋杆）从车载煤中采取一个总样。两个总样组成一个煤样对。同法操作，直到采取了要求数量的总样对为止。

方法3：方法3基本与方法2相同，只是先在火车载煤中用系统采样器（如螺旋杆）采取一个总样，然后将煤转移到一个带式输送机上，从移动煤流中采取停皮带参比总样。

（2）分系统采样。

①初级采样器试验。

初级采样器偏倚试验的煤样对采取方法与全系统采样方法基本相同，只是系统子样采取后不再通过制样系统，而是将之转移到系统外，用与参比子样相同的方法进行制备。

②缩分器试验。

缩分器试验依缩分器位置的不同可分为中间缩分器和最后阶段缩分器两种采样方法：

中间缩分器：在采样系统正常运转下，用两个精密度和偏倚符合要求的同类采样器，分别对供入缩分器的每个子样或总样（或其缩分后弃样）和子样或总样留样，按时间基或质量基进行采样。采样时每一子样（或其弃样）和子样留样至少分别切取 4 次，且入料和出料的切割周期应错开。入料（或弃料）样和出料构成一个煤样对。同法操作，直到取得要求数量的煤样对为止。

最后阶段缩分器：在采样系统正常运转下，分别收集每个子样或总样的全部留样和弃样，并准确称量。两煤样构成一个煤样对。同法操作，直到收集到要求数量的煤样对为止。

③破碎机试验。

破碎机试验用下述方法之一采样：

在采样系统运转下，用两个精密度和偏倚符合要求的同类采样器，分别对供入破碎机的每个子样（或总样）和子样（或总样）出样，按时间基或质量基进行采样。采样时每一子样以及留样至少分别取 4 次，且入料和出料的切割周期应错开。入料样和出料样构成一个煤样对。同法操作，直到取得要求数量的试样对为止。

在采样系统正常运转下，交替收集进入破碎机和从破碎机出来的相继子样，两样构成一个试样对。同法操作，直到取得要求数量的试样对为止。

④制样系统整体试验。

在采样系统正常运转下，全部收集每个子样（或总样）的最后留样和各阶段弃样并准确称量，留样和各阶段弃样的合并样构成一个煤样对。同法操作，直到取得要求数量的煤样对为止。

2）制样

（1）全系统试验制样。

全系统试验的各参比子样或总样，按 GB/T 19494.2 规定的程序，用经精密度和偏倚试验合格的同一制样系统或设备，制成粒度和被检采样系统最后煤样相同的实验室煤样。煤样缩分应使用二分器。

同次实验的全部试验室煤样对，用同一制样设备，在很短时间内制成试验参数测定所需要的试样，如一般分析试样、全水分试样等。

（2）分系统试样制样。

初级采样器、缩分器、破碎机或制样系统整体试验的煤样对，按 GB/T 19494.2 规定的程序，用经精密度和偏倚试验合格的同一制样系统或设备，分别制成粒度相同的试验室煤样。

同次试验的全部试验室煤样对，用同一制样设备，在很短时间内制成试验参数测定所需要的试样，如一般分析试样、全水分试样等。

3）化验

按有关分析方法标准、在尽可能短的时间内进行相关参数的测定。在对缩分器和制样系统进行试验并以留样和弃样构成煤样对的情况下，参比值根据缩分器或制样系统的质量缩分比加权平均而得。

8. 试验数据统计分析和结果评定

1）离群值检验

离群值可能由以下原因造成：数据中存在随机变化极值；计算或记录误差；偏离规定试验程序的过失偏离。

判别一离群值的统计准则不是舍弃该观测值的充分证据。当统计发现一观测值离群时，应查明原因。只有在有直接的确凿证据证明离群值是由于对规定试验程序的过失偏差造成时，该观测值才舍弃，舍弃值及舍弃原因应一并在报告中注明。

离群值判定采用科克伦方差检验法，首先计算最大方差准数 C：

$$C = \frac{d_{max}^2}{\sum\limits_{i=1}^{n} d_i^2} \qquad (1-20)$$

式中　　d_{max}——一组差值中的最大差值；

d_i——第 i 个差值。

表 1-19 中给出 99% 置信水平下 $n=20$ 到 $n=40$ 的科克伦准数临界值。如计算的 C 值大于表中的相应值，则 d_{max} 可能为离群值；如计算的 C 值小于或等于表中的相应值，则 d_{max} 不应舍弃。

表 1-19　科克伦最大方差检验临界值

n	99% 置信水平	n	99% 置信水平
20	0.480	31	0.355
21	0.465	32	0.347
22	0.450	33	0.339
23	0.437	34	0.332
24	0.425	35	0.325
25	0.413	36	0.318
26	0.402	37	0.312
27	0.391	38	0.306
28	0.382	39	0.300
29	0.372	40	0.294
30	0.363		

2) 差值独立性检验

在对试验结果进行统计分析时，为了得出正确的采样偏倚的结论，煤样差值必须是独立的。在进行独立性检验前，应首先进行离群值检验。差值总体运算群数 r 的测定方法如下：

剔除离群值后，将各差值按由小到大顺序排列。当观测值为奇数时，取中间值为中位值；当观测值为偶数时，取中间两数的平均值为中位值。

按煤样对采取的先后顺序列出各对差值，然后用差值减去中位值，得到正值的记"＋"号，得到负值的记"－"号，数出符号变换的次数 r，但差值与中位值相等者不计入。

令 n_1 为最少相同符号数，n_2 为最多相同符号数。从 GB/T 19494.3 群数显著性值表中查得与 n_1、n_2 相应的显著性下限值 l 和显著性上限值 u。群数显著性值见表 1－20。

表 1－20 群 数 显 著 性 值

n_1	n_2	下限值 l	上限值 u	n_1	n_2	下限值 l	上限值 u
10	10	7	15	12	17	11	19
10	11	8	15	12	18	11	20
10	12	8	16	13	13	10	18
10	13	9	16	13	14	10	19
10	14	9	16	13	15	11	19
10	15	9	17	13	16	11	20
11	11	8	16	13	17	11	20
11	12	9	16	13	18	12	20
11	13	9	17	13	19	12	21
11	14	9	17	14	14	11	19
11	15	10	18	14	15	11	20
11	16	10	18	14	16	12	20
11	17	10	18	14	17	12	21
12	12	9	17	14	18	12	21
12	13	10	17	14	19	13	22
12	14	10	18	14	20	13	22
12	15	10	18	15	15	12	20
12	16	11	19	15	16	12	21

表 1-20（续）

n_1	n_2	下限值 l	上限值 u	n_1	n_2	下限值 l	上限值 u
15	17	12	21	17	18	14	23
15	18	13	22	17	19	14	24
15	19	13	22	17	20	14	24
15	20	13	23	18	18	14	24
16	16	12	22	18	19	15	24
16	17	13	22	18	20	15	25
16	18	13	23	19	19	15	25
16	19	14	23	19	20	15	26
16	20	14	24	20	20	16	26
17	17	13	23				

如 $r < l$ 或 $r > u$，则独立性检验未通过。此时，在偏倚试验报告中应注明差值无独立性的原因并附上以下陈述："检验证明参比值和系统值的差值系列无独立性"。

3）试样对数符合性检查

用式（1-21）计算因数 g，然后从表 1-21 中查出相应的最少观测对数 n_p。

$$g = \frac{B}{S_d} \qquad (1-21)$$

式中 B——预先确定的最大允许偏倚；

S_d——试样对的标准差。

由于在试验结束前不可能知道煤样对的 S_d 值，此时，可根据以往的试验资料先暂定一个替代值。如无资料可借鉴，则至少先取 20 对煤样。为避免再补充采样以及产生数据合并问题，可用一个比试验所得值大的 S_d 值来计算出一个较小的 g 值，以期一次采足需要的煤样对数，如需要补充采取的煤样对数小于 10 时，至少应再采 10 对。

试验结束后，用实际得到的 S_d 重新计算试样因数 g，并从表 1-21 中查得新的 n_{pR} 值。

表 1-21 估算最少煤样对数的因数 g 值

n_{pR}	0	1	2	3	4	5	6	7	8	9
10	> 1.295	1.218	1.154	1.099	1.051	1.009	0.971	0.938	0.907	0.880
20	0.855	0.832	0.810	0.790	0.772	0.755	0.739	0.724	0.710	0.696
30	0.684	0.672	0.660	0.649	0.639	0.629	0.620	0.611	0.602	0.594

表 1-21 （续）

n_{pR}	0	1	2	3	4	5	6	7	8	9
40	0.586	0.579	0.571	0.564	0.558	0.551	0.545	0.539	0.533	0.527
50	0.521	0.516	0.511	0.506	0.501	0.496	0.491	0.487	0.483	0.478
60	0.474	0.470	0.466	0.463	0.459	0.455	0.451	0.448	0.445	0.441
70	0.438	0.435	0.432	0.429	0.426	0.423	0.420	0.417	0.414	0.411
80	0.409	0.406	0.404	0.401	0.399	0.396	0.394	0.392	0.389	0.387
90	0.385	0.383	0.380	0.378	0.376	0.374	0.372	0.370	0.368	0.366

如 $n_p \geqslant n_{pR}$，则煤样对数已足够，可进行结果评定 t 检验；如 $n_p < n_{pR}$，则可能要补充采样。

如要求的煤样对数在合理的范围内，则应补充采样，并在得到补充煤样数据后，计算其平均值、标准差及检查离群值，再检验原数据组和补充数据组的一致性。如结果满意，则两组数据合并，然后从离群值开始继续检验。

4）结果评定——t 检验

（1）显著偏倚条件。

对成对偏倚试验，差值平均值的期望值为 0。如 $\bar{d} \leqslant -B$ 或 $\bar{d} \geqslant +B$，则证明有偏倚。无须做进一步的统计分析。

（2）与 B 有显著性差异检验。

如 $-B < \bar{d} < +B$，则按式（1-22）计算 t_{nz}：

$$t_{nz} = \frac{B - |\bar{d}|}{\left(\dfrac{S_d}{\sqrt{n_p}}\right)} \tag{1-22}$$

式中 B——最大允许偏倚；

$\bar{d}$——差值平均值；

S_d——差值标准差；

n_p——差值数。

查 F 分布临界值表，查得自由度为（$n-1$）时的单侧 t 值（t_β），比较 t_{nz} 和 t_β。

如 $t_{nz} < t_\beta$，证明存在显著大于 0 且显著不小于 B 的偏倚，即试验结果证明存在实质性偏倚；如 $t_{nz} \geqslant t_\beta$，证明偏倚显著性小于 B，即试验结果证明不存在实质性偏倚。

（3）与 0 有显著性差异检验。

如 $-B < \bar{d} < +B$，且 $t_{nz} \geqslant t_\beta$，则按式（1-23）计算差值的统计量 t_z：

$$t_z = \frac{|\bar{d}|}{\left(\dfrac{S_d}{\sqrt{n_p}}\right)} \qquad (1-23)$$

查 F 分布临界值表，查得自由度为 $(n-1)$ 时的双侧 t 值 (t_α)，比较 t_z 和 t_α。

如 $t_z < t_\alpha$，证明差值平均值与 0 无显著性差异，被检系统或部件可接受为无偏倚；如 $t_z \geq t_\alpha$，证明被检系统或部件存在小于 B 的偏倚。

第六节 机械化制样

一、概述

机械化制样，就是采用机械缩分方式制备煤样。机械缩分器是以切割试样的方式从试样中取出一部分或若干部分。但试样一次缩分后的质量大于要求量时，可将缩分后试样用原缩分器或下一个缩分器作进一步缩分。由于影响制样精密度的最主要的因素是缩分前煤样的均匀性缩分后的煤样留量，所以采用机械制样设备，制样和化验精密度可能会更好。

与人工制样程序相当，机械化制样包括破碎、混合、缩分、干燥几个环节。

二、破碎

破碎的目的是增加试样颗粒数，减小缩分误差。破碎应该用机械设备，但允许用人工方法将大块试样破碎到第 1 阶段破碎机的最大供料粒度。破碎应使用不明显生热、机内空气流动很小的设备进行，以免破碎过程中水分损失，而且除非试验证明破碎不会产生水分实质性偏倚，否则试样在空气干燥前不能破碎。

不应将大量大粒度试样一次破碎到试验试样所要求的粒度，而应采用逐级破碎缩分的方法来逐渐减小粒度和试样量。根据入料粒度大小选择不同类别的破碎设备，大粒度的（大于 13 mm）选用颚式破碎机；中粒度的选用对辊式破碎机；小粒度的选用密封式粉碎机。破碎设备应经常用筛分法来检查其出料粒度。

三、混合

从理论上讲，缩分前进行充分混合会减小制样误差，但实际并非完全如此。如堆锥掺合法会引起粒度离析；在使用机械缩分器时，缩分前的混合对保证缩分精密度没有多大必要，而且混合还会导致水分损失。

一种可行的混合方法，是使试样多次（3 次以上）通过二分器或多容器缩分器，每次通过后把试样收集起来，再供入缩分器。

在试样制备最后阶段，用机械方法对试样进行混合能提高分样精密度。

四、缩分

机械缩分可对未经破碎的单个子样或总样进行，也可对破碎到一定粒度的试样进行。缩分可采用定质量缩分或定比缩分方式，一般多采用定比缩分方式。

1. 单个子样缩分

1）切割数

一个子样的切割数根据以下决定：

（1）对定质量缩分，初级子样的最少切割次数为4，且同一采样单元的各初级子样的切割数应相等。

（2）对定比缩分，一平均质量初级子样的最少切割次数为4。

（3）缩分后的初级子样进一步缩分时，每一切割样至少应再切割1次。

2）缩分后子样最小质量

缩分后子样的质量应满足以下要求：每一缩分阶段的全部缩分后子样合并的总样的质量，应大于表1-22规定的相应采样目的和标称最大粒度下的质量，并满足式（1-24）的要求；如子样质量太少，不能满足这两个要求，则应将其进一步破碎后再缩分。

$$m = d^2 \times 10^{-3} \qquad (1-24)$$

式中　m——子样质量，kg；

　　　d——试样的标称最大粒度，mm。

表1-22　缩分后试样的最小质量

粒度/mm	一般分析和共用试样/kg	全水分试样/kg	粒度分析试样/kg	
			精密度1%	精密度2%
300	15000	3000	54000	13500
200	5400	1100	16000	4000
150	2600	500	6750	1700
125	1700	350	4000	1000
90	750	125	1500	400
75	470	95	250	210
63	300	60	506	125
50	170	35	250	65
45	125	25	200	50

表 1-22（续）

粒度/mm	一般分析和共用试样/kg	全水分试样/kg	粒度分析试样/kg	
			精密度1%	精密度2%
38	85	17	130	30
31.5	55	10	65	15
22.4	32	7	25	6
16	20	4	8	2
13	15	3	5	1.25
11.2	13	2.5	3	0.7
10	10	2	2	0.5
8	6	1.5	1	0.25
6	3.75	1.25	0.65	0.25
4	1.5	1	0.5	0.25
2	0.7	0.65	0.25	0.25
2	0.25	—	—	—
1	1	—	—	—
0.5	0.06	—	—	—

注：表中规定值一般适用于离线缩分，对标称最大粒度为 16 mm 及以下煤进行在线缩分时，表中规定质量可能不足以保持试样的完整性。

2. 试样的缩分

1）切割数

全部子样或缩分后子样合成试样缩分最少切割数为 60。如试样质量太少，则应改用人工方法缩分。

2）缩分后试样最小质量

缩分后试样最小质量见表 1-22。缩分后试样的最小质量取决于被采样煤的标称最大粒度、对有关参数要求的精密度及该参数与粒度的关系。但是，仅缩分后试样最小质量达到要求还不能保证精密度达到要求，因为后者还取决于缩分的切割次数。

五、空气干燥

空气干燥是将煤样铺成均匀的薄层、在环境温度下使之与大气湿度达到平衡。煤层厚度不能超过煤样标称最大粒度的 1.5 倍或表面负荷为 1 g/cm² （哪个厚选用哪个）。

表 1-23 给出了在环境温度小于 40 ℃下，使煤样与大气达到平衡所需时间。这只是

推荐性的，在一般情况下已足够，如果需要的话，可以适当延长，但延长的时间应尽可能短，特别是对易氧化煤。

表1-23 环境温度小于40 ℃下干燥时间

环境温度/℃	干燥时间/h	环境温度/℃	干燥时间/h
20	不超过24	40	不超过4
30	不超过6		

煤样干燥可用温度不超过50 ℃，带空气循环装置的干燥室或干燥箱进行，但干燥后，称样前必须将干燥煤样置于环境温度下冷却并使之与大气湿度达到平衡。冷却时间视干燥温度而定，如在40 ℃下进行干燥，则一般冷却3 h即足够。但对易氧化煤及下列分析试验用煤样，不能在高于40 ℃温度下干燥：发热量、黏结性、膨胀性、空气干燥作为全水分测定的一部分。

六、一般分析试样的制备流程

一般分析试验煤样应满足一般物理化学特性参数测定有关的国家标准要求，一般制备程序如图1-15所示。

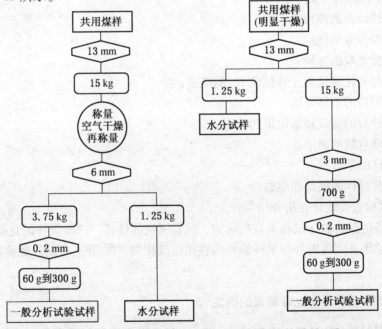

图1-15 由共用煤样制备全水分和一般分析试验煤样程序

一般分析试验煤样制备通常分 2～3 个阶段进行，每阶段由干燥（需要时）、破碎、混合（需要时）和缩分构成。必要时可根据具体情况增加或减少缩分阶段。每阶段的煤样粒度和缩分后煤样质量应符合表 1－22 要求。

第七节　制样偏倚试验

一、概述

与前面提到的采样偏倚试验一样，对制样系统也需要进行偏倚性试验。应用于制定程序或设备的偏倚试验与采样程序或机械有所不同。制样程序或设备在进行偏倚试验时首先应采取一系列无偏倚的成对煤样，一个用被试验的制样程序或设备制备，另一个用已证明无偏倚的制样方案制备，构成一系列成对煤样，然后测定每对煤样的试验结果间的差值，并对这些差值进行统计分析，最后用 t 检验进行判定。也就是说，制样偏倚试验的方法要点在于如何采取无偏倚的成对煤样，且制样偏倚试验无特定的参比制样方法。

二、制样偏倚试验程序

制样偏倚试验程序如下：

（1）制样设备的预检验；

（2）试验参数的确定；

（3）试验煤炭的选择；

（4）制样和化验最大允许偏倚 B_{PT} 的确定；

（5）无偏倚的制样方案；

（6）煤样对的构成和参比值的获得；

（7）煤样对数的确定；

（8）煤样的采取；

（9）试验煤样的制备和化验；

（10）试验数据统计分析和结果评定。

制样设备的预检验、试验参数的确定、试验煤炭的选择、试验煤样的化验、试验数据统计分析和结果评定等内容与采样偏倚内容相同或相似（见第五节采样偏倚试验），本节不再重复。

三、制样和化验最大允许偏倚的确定

当前关于制样和化验最大允许偏倚（B_{PT}）值尚没有进行相关研究，建议根据制样和化验方差（V_{PT}）进行估算。按照 GB 474—2008 以及 GB/T 1949.2—2008 进行制样，V_{PT} 值在 0.2 以下，则制样和化验标准差 S_{PT} 应小于 0.45。如 B_{PT} 不显著大于 S_{PT}，此偏倚值一般可接受。

由此，对于不同均匀程度的煤，制样和化验最大允许偏倚 B_{PT} 值列在表 1-24 中，供参考。对于质量缩分比在 1/15 以上的制样设备，制样和化验最大允许偏倚值比表 1-24 中 B_{PT} 值可稍放大。

表 1-24 制样和化验最大允许偏倚（B_{PT}）

试样用煤样灰分 A_d/%	试验用煤水分 M_t/%	B_{PT}（M_t 或 A_d）/%
≤10	≤8	0.25
10~20	8~15	0.35
≥20	≥15	0.45

四、无偏倚的制样方案

由于无专用的参比制样方法，用于比较制样（设备）偏倚的"另一制样方案"的无偏倚性尤其重要。

1. 水分偏倚试验

对于水分偏倚试验，无明显水分损失的破碎机是无偏倚制样方案的关键。严格地讲，煤样的破碎过程多少都会有水分损失，水分损失最小的破碎机可认为无明显水分损失。破碎机的水分损失可通过下述试验取得：将煤样破碎至小于 13 mm，缩分成两部分，一部分用九点取样法抽取全水分试验，另一部分供入破碎机破碎后抽取全水分试验，构成一全水分试样对；如此操作，至少进行 10 个煤样的制备；计算试样对结果差值的平均值，作为破碎机的水分损失。

一般认为颚式破碎机的水分损失较小，可将其作为无明显水分损失的破碎机，用以检查其他类型破碎机是否有水分损失。

抽取全水分试样按 GB 474—2008 或 GB/T 19494—2004 规定进行，且保证以最少的制样阶段、最快的方式进行。

2. 灰分偏倚试验

对于灰分偏倚试验，通常应用于机械缩分器。如可把缩分后的煤样和弃样均收取，按其质量加权平均值作为参比值，每个煤样严格按 GB 474—2008 或 GB/T 19494—2004 制备出一般分析试验煤样，且采用二分器进行缩分，可认为是一种无偏倚的制样方案。

五、煤样对的构成和参比值的获得

对于机械缩分器偏倚试验，由缩分后的煤样和弃样构成一对煤样。缩分后的煤样的质量加权平均作为参比值。

对于其他类型的偏倚试验，均由经被试验的制样设备或程序制备煤样和无偏倚制样方案制备的煤样构成一对煤样。煤样经无偏倚制样后的检测值作为参比值。

六、煤样对数

对于水分偏倚试验，建议煤样对数为20；对于灰分偏倚试验，建议煤样对数为20～30。

七、煤样的采取

（1）对于破碎机（主要进行水分偏倚试验），采样时将水分较大的同种煤充分混匀，然后在紧邻的位置（粒级相同）采取两个煤样，构成一对煤样，每个煤样的煤样量根据实际制样工况确定，通常不少于10 kg。如此操作，直至采取足够的煤样对数。

（2）对于机械缩分器（主要进行灰分偏倚试验），采取时可不采取成对煤样，仅对较不均匀的同种煤（通常灰分较大）采取单个煤样，煤样量根据粒度和实际制样工况确定。如此操作，直至采取足够数量的煤样。

（3）对于破碎缩分联合制样机（既进行水分偏倚试验，又进行灰分偏倚试验），采样时将较大不均匀的同种煤（水分较大，灰分较大）充分混匀，然后在紧邻的位置（在同一粒级层）采取两个煤样，构成一对煤样，每个煤样的煤样量根据实际制样工况确定，通常不少于20 kg。如此操作，直至采取足够的煤样对数。

八、试验煤样的制备

（1）对于破碎机水分偏倚试验采取的成对煤样，其中一个用被试验的破碎机破碎至一定粒度，另一个用无明显水分损失的破碎机破碎。如仅进行破碎机水分偏倚试验，破碎后的煤样均按无偏倚制样方案抽取全水分试样；如进行包含破碎机在内的制样程序的水分偏倚试验，经被试验破碎机破碎后的煤样应按被试验制样程序制备全水分试样，另一破碎后煤样按无偏倚制样方案制备出全水分试样。

（2）如仅对机械缩分器进行灰分偏倚试验，则采取的煤样均按无偏倚制样方案制备出一般分析试验煤样。

（3）对于破碎缩分联合制样机或制样程序进行的水分和灰分偏倚试验而采取的成对煤样，其中一个用被试验的制样机破碎至一定粒度，另一个用无明显水分损失的破碎机破碎。如仅进行制样机偏倚试验，破碎后的煤样均按无偏倚制样方案制备全水分试样和一般分析试样；如进行包含制样机在内的制样程序的偏倚试验，经被试验制样机破碎后的煤样应按被试验制样程序制备出全水分试样和一般分析试样；另一破碎后煤样按无偏倚制样方案制备出全水分试样和一般分析试样。

第二章　常用数理统计方法及应用

第一节　常用数理统计方法

一、F 检验法

F 检验法主要比较不同条件下（不同方法、不同设备、不同人员等）测量的两组数据间是否具有相同的精密度，也就是方差是否属于同一总体。同时，它还用于比较精密度的优劣，推断影响测量结果的因素及水平的影响程度等。需要注意的是用 F 检验法检验两组数据的精密度是否有显著性差异时，必须先确定它是属于单边检验还是双边检验。

F 检验的程序：

先求出 2 组测定的方差 s_1^2 及 s_2^2，再求二者的比值 F，但必须令 $F > 1$，

$$F = s_1^2 / s_2^2 (s_1^2 > s_2^2) \tag{2-1}$$

由 F 表查出临界值 F_{α, f_1, f_2}，α 为显著性水平，通常取 0.05，f_1 与 f_2 分别为第一及第二自由度，$f_1 = n_1 - 1$，$f_2 = n_2 - 1$，n_1 为大方差 s_1^2 的测定次数，n_2 为小方差 s_2^2 的测定次数。如只要求二者没有显著性差异，则应用双侧检验，查 F 表时，应将选定的 α 值除 2，查 $F_{\alpha/2, f_1, f_2}$；如要确定两个方差中的一个显著大于或小于另一个，则查 F_{α, f_1, f_2}，α 值不变。当计算的 F 值小于由 F 表查出的临界值，则认为二者精密度无显著性差异。显著性水平 $\alpha = 0.025$ 时的 F 分布表见表 2-1。

【例 2-1】应用两台热量计测定同一煤样发热量，各测 8 次，测定结果见表 2-2，问此两台热量计所测发热是否有相同的精密度？（Excel 软件计算见第七章第一节）。

解： $\bar{x}_1 = 24080, s_1 = \sqrt{\dfrac{(24020 - 24080)^2 + \cdots + (24060 - 24080)^2}{8 - 1}} = 33, s_1^2 = 1089$

$\bar{x}_2 = 24080, s_2 = \sqrt{\dfrac{(24160 - 24080)^2 + \cdots + (24080 - 24080)^2}{8 - 1}} = 43, s_2^2 = 1849$

$F = s_2^2 / s_1^2 = 1.70$，此为双侧检验，自由度 $f_1 = f_2 = 7$。

给定 $\alpha = 0.05$，查 F 表，$F_{0.025, 7, 7} = 4.99$，$1.70 < F_{0.025, 7, 7}$，故两台热量计测定发热量具有相同的精密度，或者说精密度之间没有显著性差异。

表 2-1 F 分 布 表 （α=0.025）

n_1 \ n_2	1	2	3	4	5	6	7	8	9	10	12	15	20	24	30	40	60	120	∞
1	647.8	799.5	864.2	899.6	921.8	937.1	948.2	956.7	963.3	968.6	976.7	984.9	993.1	997.2	1001	1006	1010	1014	1018
2	38.51	39.00	39.17	39.25	39.30	39.33	39.36	39.37	39.39	39.40	39.41	39.43	39.45	39.46	39.46	39.47	39.48	39.40	39.50
3	17.44	16.04	15.44	15.10	14.88	14.73	14.62	14.54	14.47	14.42	14.34	14.25	14.17	14.12	14.08	14.04	13.99	13.95	13.90
4	12.22	10.65	9.98	9.60	9.36	9.20	9.07	8.98	8.90	8.84	8.75	8.66	8.56	8.51	8.46	8.41	8.36	8.31	8.26
5	10.01	8.43	7.76	7.39	7.15	6.98	6.85	6.76	6.68	6.62	6.52	6.43	6.33	6.28	6.23	6.18	6.12	6.07	6.02
6	8.81	7.26	6.60	6.23	5.99	5.82	5.70	5.60	5.52	5.46	5.37	5.27	5.17	5.12	5.07	5.01	4.96	4.90	4.85
7	8.07	6.54	5.89	5.52	5.29	5.12	4.99	4.90	4.82	4.76	4.67	4.57	4.47	4.42	4.36	4.31	4.25	4.20	4.14
8	7.57	6.06	5.42	5.05	4.82	4.65	4.53	4.43	4.36	4.30	4.20	4.10	4.00	3.95	3.89	3.84	3.78	3.73	3.67
9	7.21	5.71	5.08	4.72	4.48	4.32	4.20	4.10	4.03	3.96	3.87	3.77	3.67	3.61	3.56	3.51	3.45	3.39	3.33
10	6.94	5.46	4.83	4.47	4.24	4.07	3.95	3.85	3.78	3.72	3.62	3.52	3.42	3.37	3.31	3.26	3.20	3.14	3.08
11	6.72	5.26	4.63	4.28	4.04	3.88	3.76	3.66	3.59	3.53	3.43	3.33	3.23	3.17	3.12	3.06	3.00	2.94	2.88
12	6.55	5.10	4.47	4.12	3.89	3.73	3.61	3.51	3.44	3.37	3.28	3.18	3.07	3.02	2.96	2.91	2.85	2.79	2.72
13	6.41	4.97	4.35	4.00	3.77	3.60	3.48	3.39	3.31	3.25	3.15	3.05	2.95	2.89	2.84	2.78	2.72	2.66	2.60
14	6.30	4.86	4.24	3.89	3.66	3.50	3.38	3.29	3.21	3.15	3.05	2.95	2.84	2.79	2.73	2.67	2.61	2.55	2.49
15	6.20	4.77	4.15	3.80	3.58	3.41	3.29	3.20	3.12	3.06	2.96	2.86	2.76	2.70	2.64	2.59	2.52	2.46	2.40
16	6.12	4.69	4.08	3.73	3.50	3.34	3.22	3.12	3.05	2.99	2.89	2.79	2.68	2.63	2.57	2.51	2.45	2.38	2.32
17	6.04	4.62	4.01	3.66	3.44	3.28	3.16	3.06	2.98	2.92	2.82	2.72	2.62	2.56	2.50	2.44	2.38	2.32	2.25

表2-1（续）

n_2 \ n_1	1	2	3	4	5	6	7	8	9	10	12	15	20	24	30	40	60	120	∞
18	5.98	4.56	3.95	3.61	3.38	3.22	3.10	3.01	2.93	2.87	2.77	2.67	2.56	2.50	2.44	2.38	2.32	2.26	2.19
19	5.92	4.51	3.90	3.56	3.33	3.17	3.05	2.96	2.88	2.82	2.72	2.62	2.51	2.45	2.39	2.33	2.27	2.20	2.13
20	5.87	4.46	3.86	3.51	3.29	3.13	3.01	2.91	2.84	2.77	2.68	2.57	2.46	2.41	2.35	2.29	2.22	2.16	2.09
21	5.83	4.42	3.82	3.48	3.25	3.09	2.97	2.87	2.80	2.73	2.64	2.53	2.42	2.37	2.31	2.25	2.18	2.11	2.04
22	5.79	4.38	3.78	3.44	3.22	3.05	2.93	2.84	2.76	2.70	2.60	2.50	2.39	2.33	2.27	2.21	2.14	2.08	2.00
23	5.75	4.35	3.75	3.41	3.18	3.02	2.90	2.81	2.73	2.67	2.57	2.47	2.36	2.30	2.24	2.18	2.11	2.04	1.97
24	5.72	4.32	3.72	3.38	3.15	2.99	2.87	2.78	2.70	2.64	2.54	2.44	2.33	2.27	2.21	2.15	2.08	2.01	1.94
25	5.69	4.29	3.69	3.35	3.13	2.97	2.85	2.75	2.68	2.61	2.51	2.41	2.30	2.24	2.18	2.12	2.05	1.98	1.91
26	5.66	4.27	3.67	3.33	3.10	2.94	2.82	2.73	2.65	2.59	2.49	2.39	2.28	2.22	2.16	2.09	2.03	1.95	1.88
27	5.63	4.24	3.65	3.31	3.08	2.92	2.80	2.71	2.63	2.57	2.47	2.36	2.25	2.19	2.13	2.07	2.00	1.93	1.85
28	5.61	4.22	3.63	3.29	3.06	2.90	2.78	2.69	2.61	2.55	2.45	2.34	2.23	2.17	2.11	2.05	1.98	1.91	1.83
29	5.59	4.20	3.61	3.27	3.04	2.88	2.76	2.67	2.59	2.53	2.43	2.32	2.21	2.15	2.09	2.03	1.96	1.89	1.81
30	5.57	4.18	3.59	3.25	3.03	2.87	2.75	2.65	2.57	2.51	2.41	2.31	2.20	2.14	2.07	2.01	1.94	1.87	1.79
40	5.42	4.05	3.46	3.13	2.90	2.74	2.62	2.53	2.45	2.39	2.29	2.18	2.07	2.01	1.94	1.88	1.80	1.72	1.64
60	5.29	3.93	3.34	3.01	2.79	2.63	2.51	2.41	2.33	2.27	2.17	2.06	1.94	1.88	1.82	1.74	1.67	1.58	1.48
120	5.15	3.80	3.23	2.89	2.67	2.52	2.39	2.30	2.22	2.16	2.05	1.94	1.82	1.76	1.69	1.61	1.53	1.43	1.31
∞	5.02	3.69	3.12	2.79	2.57	2.41	2.29	2.19	2.11	2.05	1.94	1.83	1.71	1.64	1.57	1.48	1.39	1.27	1.00

表2-2　两台热量计8次测定结果

热量计	1	2	3	4	5	6	7	8
第一台	24020	24080	24110	24090	24080	24070	24130	24060
第二台	24160	24110	24040	24060	24080	24090	24020	24080

二、t 检验法

t 检验法常用于对被测体系平均值与真值的比较、两组平均值的比较、不同检测条件的比较等。现结合实例来说明 t 检验法的应用。

1. 用于平均值与真值（理论值、给定值、标准值）的比较

为了检验分析方法或操作过程是否存在较大的系统误差，如用标准物质判断检验方法的可靠程度，对标准试样进行若干次分析，再利用 t 检验法比较分析结果的平均值与标准试样的标准值之间是否存在显著性差异。

进行 t 检验时，首先按式（2-2）计算出 t 值：

$$t = \frac{|\bar{x} - \mu| \sqrt{n}}{s} \tag{2-2}$$

式中　　$\bar{x}$——测定平均值；

　　　　s——测定值标准差；

　　　　μ——标准样品的标准值；

　　　　n——测定次数。

如果计算出的 t 值大于表 2-3 中的 $t_{\alpha,f}$ 值，则认为有显著性差异，否则不存在显著性差异。在分析工作中，常以 95% 的置信度为检验标准，即显著性水平为 5%。当 $|t| < t_{0.05}$ 时无显著性差异。

表2-3　t 值临界值表

单侧	75%	80%	85%	90%	95%	97.5%	99%	99.5%	99.75%	99.9%	99.95%
α	0.25	0.20	0.15	0.10	0.05	0.025	0.01	0.005	0.0025	0.001	0.0005
双侧	50%	60%	70%	80%	90%	95%	98%	99%	99.5%	99.8%	99.9%
α	0.50	0.40	0.30	0.20	0.10	0.05	0.02	0.01	0.005	0.002	0.001
1	1.000	1.376	1.963	3.078	6.314	12.71	31.82	63.66	127.3	318.3	636.6
2	0.816	1.061	1.386	1.886	2.920	4.303	6.965	9.925	14.09	22.33	31.60
3	0.765	0.978	1.250	1.638	2.353	3.182	4.541	5.841	7.453	10.21	12.92

表2-3（续）

单侧	75%	80%	85%	90%	95%	97.5%	99%	99.5%	99.75%	99.9%	99.95%
α	0.25	0.20	0.15	0.10	0.05	0.025	0.01	0.005	0.0025	0.001	0.0005
双侧	50%	60%	70%	80%	90%	95%	98%	99%	99.5%	99.8%	99.9%
α	0.50	0.40	0.30	0.20	0.10	0.05	0.02	0.01	0.005	0.002	0.001
4	0.741	0.941	1.190	1.533	2.132	2.776	3.747	4.604	5.598	7.173	8.610
5	0.727	0.920	1.156	1.476	2.015	2.571	3.365	4.032	4.773	5.893	6.869
6	0.718	0.906	1.134	1.440	1.943	2.447	3.143	3.707	4.317	5.208	5.959
7	0.711	0.896	1.119	1.415	1.895	2.365	2.998	3.499	4.029	4.785	5.408
8	0.706	0.889	1.108	1.397	1.860	2.306	2.896	3.355	3.833	4.501	5.041
9	0.703	0.883	1.100	1.383	1.833	2.262	2.821	3.250	3.690	4.297	4.781
10	0.700	0.879	1.093	1.372	1.812	2.228	2.764	3.169	3.581	4.144	4.587
11	0.697	0.876	1.088	1.363	1.796	2.201	2.718	3.106	3.497	4.025	4.437
12	0.695	0.873	1.083	1.356	1.782	2.179	2.681	3.055	3.428	3.930	4.318
13	0.694	0.870	1.079	1.350	1.771	2.160	2.650	3.012	3.372	3.852	4.221
14	0.692	0.868	1.076	1.345	1.761	2.145	2.624	2.977	3.326	3.787	4.140
15	0.691	0.866	1.074	1.341	1.753	2.131	2.602	2.947	3.286	3.733	4.073
16	0.690	0.865	1.071	1.337	1.746	2.120	2.583	2.921	3.252	3.686	4.015
17	0.689	0.863	1.069	1.333	1.740	2.110	2.567	2.898	3.222	3.646	3.965
18	0.688	0.862	1.067	1.330	1.734	2.101	2.552	2.878	3.197	3.610	3.922
19	0.688	0.861	1.066	1.328	1.729	2.093	2.539	2.861	3.174	3.579	3.883
20	0.687	0.860	1.064	1.325	1.725	2.086	2.528	2.845	3.153	3.552	3.850
21	0.686	0.859	1.063	1.323	1.721	2.080	2.518	2.831	3.135	3.527	3.819
22	0.686	0.858	1.061	1.321	1.717	2.074	2.508	2.819	3.119	3.505	3.792
23	0.685	0.858	1.060	1.319	1.714	2.069	2.500	2.807	3.104	3.485	3.767
24	0.685	0.857	1.059	1.318	1.711	2.064	2.492	2.797	3.091	3.467	3.745
25	0.684	0.856	1.058	1.316	1.708	2.060	2.485	2.787	3.078	3.450	3.725
26	0.684	0.856	1.058	1.315	1.706	2.056	2.479	2.779	3.067	3.435	3.707
27	0.684	0.855	1.057	1.314	1.703	2.052	2.473	2.771	3.057	3.421	3.690
28	0.683	0.855	1.056	1.313	1.701	2.048	2.467	2.763	3.047	3.408	3.674
29	0.683	0.854	1.055	1.311	1.699	2.045	2.462	2.756	3.038	3.396	3.659
30	0.683	0.854	1.055	1.310	1.697	2.042	2.457	2.750	3.030	3.385	3.646

表2-3（续）

单侧	75%	80%	85%	90%	95%	97.5%	99%	99.5%	99.75%	99.9%	99.95%
α	0.25	0.20	0.15	0.10	0.05	0.025	0.01	0.005	0.0025	0.001	0.0005
双侧	50%	60%	70%	80%	90%	95%	98%	99%	99.5%	99.8%	99.9%
α	0.50	0.40	0.30	0.20	0.10	0.05	0.02	0.01	0.005	0.002	0.001
40	0.681	0.851	1.050	1.303	1.684	2.021	2.423	2.704	2.971	3.307	3.551
50	0.679	0.849	1.047	1.299	1.676	2.009	2.403	2.678	2.937	3.261	3.496
60	0.679	0.848	1.045	1.296	1.671	2.000	2.390	2.660	2.915	3.232	3.460
80	0.678	0.846	1.043	1.292	1.664	1.990	2.374	2.639	2.887	3.195	3.416
100	0.677	0.845	1.042	1.290	1.660	1.984	2.364	2.626	2.871	3.174	3.390
120	0.677	0.845	1.041	1.289	1.658	1.980	2.358	2.617	2.860	3.160	3.373
∞	0.674	0.842	1.036	1.282	1.645	1.960	2.326	2.576	2.807	3.090	3.291

【例2-2】用已知含硫量1.66%的标准煤样检验一台测硫仪，共测8次，其所测结果为1.64%、1.72%、1.65%、1.73%、1.71%、1.69%、1.67%、1.62%。问所测结果的平均值是否与标准煤样的标准值一致？

解: $\bar{x} = 1.68\%$，$s = 0.04$，$\mu = 1.66\%$，$n = 8$ 将上述各值代入式（2-2）得

$$t = \frac{0.02 \times \sqrt{8}}{0.04} = 1.41$$

由于不必考虑测定平均值与标准值谁大谁小，故为双侧检验。给定 $\alpha = 0.05$，由 t 值表查得 $t_{0.05,7} = 2.36$，比较 t 值与 $t_{0.05,7}$，由于 $1.41 < t_{0.05,7}$，故二者之间不存在显著性差异，该测硫仪所测结果是准确的。

2. 两组测定结果平均值的比较

这个问题属于两个正态总体之间的检验，主要用于比较新方法（设备、方案、工艺等）与以前使用的方法是否一致，有没有显著性差异；比较不同检测人员、不同设备、不同检验室检验结果是否一致，是否有系统误差。如不同的分析人员采用同一种分析方法或同一分析人员采用不同分析方法对同一试样进行分析时，判断这两个平均值之间是否存在显著性差异，可采用 t 检验法。

在进行均值检验之前，必须对两个总体的方差进行检验，只有在方差一致的情况下，才能进行 t 检验。

设两组分析数据为

$$n_1 \qquad s_1 \qquad \bar{x}_1$$

$$n_2 \qquad s_2 \qquad \bar{x}_2$$

s_1 和 s_2 分别表示第一组和第二组分析数据的精密度，它们之间是否有显著性差异，可采用前面介绍的 F 检验法进行判断。如证明它们之间没有显著性差异，则可认为 $s_1 \approx s_2$，用下式求得合并标准偏差 $\bar{s}$：

$$\bar{s} = \sqrt{\frac{s_1^2(n_1-1)+s_2^2(n_2-1)}{(n_1-1)+(n_2-1)}} \qquad (2-3)$$

然后计算 t 值：
$$t = \frac{|\bar{x}_1 - \bar{x}_2|}{\bar{s}}\sqrt{\frac{n_1 n_2}{n_1+n_2}} \qquad (2-4)$$

在一定置信度时，查出表中 $t_\text{表}$（总自由度 $f = n_1 + n_2 - 2$），若 $t > t_\text{表}$ 时，则两组平均值存在显著性差异；若 $t < t_\text{表}$ 时，则不存在显著性差异。

【例 2-3】两位化验员应用同一台热量计，用同一批号的苯甲酸各标定热容量 5 次，结果分别是：

A：14105 J/℃、14140 J/℃、14128 J/℃、14133 J/℃、14134 J/℃

B：14172 J/℃、14163 J/℃、14159 J/℃、14148 J/℃、14148 J/℃

问两人所标热容量是否显著性不同？

解： $\bar{x}_1 = 14128$ $\quad s_A = s_1 = \sqrt{\dfrac{(14105-14128)^2 + \cdots + (14134-14128)^2}{5-1}} = 13.55$

$\bar{x}_2 = 14158$ $\quad s_B = s_2 = \sqrt{\dfrac{(14172-14158)^2 + \cdots + (14148-14158)^2}{5-1}} = 10.27$

$F = \dfrac{13.55^2}{10.27^2} = 1.74$，由于 $1.74 < F_{0.025,4,4}$，故此两人标定热容量精密度是一致的。

计算 $\quad \bar{s} = \sqrt{\dfrac{13.55^2 \times (5-1) + 10.27^2 \times (5-1)}{(5-1)+(5-1)}} = 12.02$

$$t = \frac{|14128-14158|}{12.02} \times \sqrt{\frac{5 \times 5}{5+5}} = 3.95$$

令 $\alpha = 0.05$，双侧检验，故 $t_{0.05,8} = 2.31$，由于 $3.95 > t_{0.05,8}$，故两人所标热容量存在显著性差异。究竟哪一个人的标定结果正确，可通过反标苯甲酸加以判定。

此例再一次说明，测定结果精密度一致不等于准确度也一致，也就是说，精密度高，不一定准确度高。

3. 成对对比检验

如果要比较两台仪器、两种操作方法、两个不同实验室间的差异，用一个样品显然是不够的。用不同含量的样品进行对比，然后把测试的每一对结果进行对比，就可以比较全面、客观地反映出它们之间的实际情况，这种方法称为成对对比检验法。

先计算差值的平均值 $\bar{d}$，再求差值的标准差 s_d，$s_d = \sqrt{\dfrac{\sum\limits_{i=1}^{n}(d_i - \bar{d})^2}{n-1}}$，再计算统计量

t 值，$t_d = \dfrac{|\bar{d}|}{s_d / \sqrt{n}}$，与查表值判断。

【例 2 - 4】用不同煤种对一套机械化自动采样设备进行验证，用停皮带采样法作为参比法，其样品的灰分值为 A 组，机械化采样的灰分值为 B 组，数据见表 2 - 4。

表 2 - 4　两种采样法灰分对比数据

组	1	2	3	4	5	6	7	8	9	10	11	12
A	7.55	7.09	8.26	5.14	7.74	7.80	6.90	6.63	12.38	12.81	9.89	9.86
B	7.46	6.97	7.43	6.07	7.41	8.24	6.71	6.77	11.89	13.19	9.22	8.90
d_i	0.09	0.12	0.83	−0.93	0.33	−0.44	0.19	−0.14	0.49	−0.38	0.67	0.96

解：
$$\bar{d} = \frac{\sum\limits_{i=1}^{n} d_i}{n} = 0.1492$$

$$s_d = \sqrt{\frac{\sum\limits_{i=1}^{n}(d_i - \bar{d})^2}{n-1}} = 0.5578$$

$$t_d = \frac{|\bar{d}|}{s_d / \sqrt{n}} = \frac{0.1492}{0.5578} \times \sqrt{12} = 0.9266$$

在置信度为 95% 时，查表得 $t_{0.05,11} = 2.201$，由于 $t_d < t_{0.05,11}$，故可判定该机械化采样设备所采样品与停皮带时所采样品无系统性误差，这套设备可投入使用（Excel 软件计算见第七章第一节）。

三、标准曲线与一元回归方程

研究变量相互关系的统计方法，称为回归分析。比如在煤质检测中，煤中灰分与发热量、煤中挥发分与氢含量等，应用最多的是一元线性回归分析。

理论上某两个变量之间应是直线关系，但由于实际测定中存在引起随机误差的各种因素，实测的数据往往在直角坐标系中并不完全处于一条直线上，总有一些点偏离直线。采用回归法可以求出对各坐标点的误差都是最小的直线方程式，这样也就可以绘制出一条标

准曲线。

1. 一元线性回归方程

直线方程的一般表达式： $y = a + bx$

式中　x——自变量；

　　　y——因变量；

　　　a——直线的截距；

　　　b——直线的斜率。

为了制作一条标准曲线，通常应不少于 5 个测点，设测点数为 n，则直线在 x 轴上的截距 a 及直线的斜率 b（在回归方程中称为回归系数）为

$$a = \frac{\sum x^2 \sum y - \sum x \sum xy}{n \sum x^2 - \left(\sum x \right)^2} \qquad (2-5)$$

$$b = \frac{n \sum xy - \sum x \sum y}{n \sum x^2 - \left(\sum x \right)^2} \qquad (2-6)$$

【例 2-5】已知标准物质的含量为 x，测得其对应量为 y，计算 x^2、y^2、xy 及其总和，见表 2-5。

表 2-5　计算结果汇总

n	x	y	x^2	y^2	xy
1	0	0	0	0	0
2	4	42	16	1764	168
3	10	86	100	7396	860
4	20	162	400	26244	3240
5	30	234	900	54756	7020
6	40	292	1600	85264	11680
Σ	104	816	3016	175424	22968

将相关数值代入式（2-5）、式（2-6）：

$$a = \frac{3016 \times 816 - 104 \times 22968}{6 \times 3016 - (104)^2} = 9.94$$

$$b = \frac{6 \times 22968 - 104 \times 816}{6 \times 3016 - (104)^2} = 7.27$$

故 $\qquad\qquad\qquad\qquad y = 7.27x + 9.94$

2. 标准曲线的绘制

在绘制标准曲线时，可任选三个数，0，10，20，则 y 的计算值分别为

$$x = 0 \qquad y_0 = 9.94$$
$$x = 10 \qquad y_1 = 7.27 \times 10 + 9.94 = 82.6$$
$$x = 20 \qquad y_2 = 7.27 \times 20 + 9.94 = 155.3$$

由此绘制出标准曲线图，如图 2 - 1 所示。

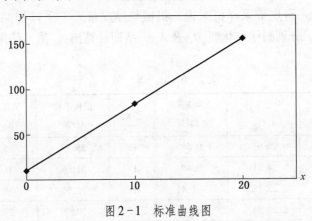

图 2 - 1　标准曲线图

上述直线对所用数据来说，是误差最小的一条直线，因而应用一元线性回归方程或据此方程绘制的标准曲线有助于提高检测结果的准确度。

应用回归方程时，其适用范围一般限于原来观测数据的变动范围，不能任意扩展延伸。回归方程主要用于质量控制和监督管理，计算数据不能代替实际检测值。

3. 相关性

自变量 x 与因变量 y 之间的线性关系可用相关系数 r 去度量，r 的表达式为

$$r = \frac{n \sum xy - \sum x \sum y}{\sqrt{\left[n \sum x^2 - \left(\sum x \right)^2 \right] \left[n \sum y^2 - \left(\sum y \right)^2 \right]}} \qquad (2-7)$$

$$r = \frac{6 \times 22968 - 104 \times 816}{\sqrt{\left[6 \times 3016 - 104^2 \right] \left[6 \times 175424 - 816^2 \right]}} = 0.998$$

相关系数 r 取值有 3 种情况：

(1) $r = 0$，x 与 y 毫无线性关系；

(2) $|r| = 1$，x 与 y 完全线性相关，$r = 1$，完全正相关，$r = -1$，完全负相关；

(3) $0 < |r| < 1$, x 与 y 呈现一定的相关性。

第二节 数理统计方法应用

数理统计方法包含内容很多，在煤质检测中系统误差检验经常遇到，例如某采煤样机所采样品有无系统误差、制样过程中缩分装置有无系统误差、某一新的或非标准方法有无系统误差等，检测人员应该掌握系统误差的检验方法。

【例 2-6】对一台皮带采样机来说，机械与停皮带人工采样样品一一对应，作为一组，共采集 20 组，分别制样与化验 M_{ad} 及 A_{ad}，从而计算出 A_d 值，结果列于表 2-6 中。

表 2-6 计 算 结 果

组别	机械采样 $A_d/\%$	人工采样 $A_d/\%$	2 种采样 $\Delta A_d/\%$	组别	机械采样 $A_d/\%$	人工采样 $A_d/\%$	2 种采样 $\Delta A_d/\%$
1	27.19	26.61	0.58	12	25.37	25.35	0.02
2	24.91	24.51	0.40	13	31.06	31.46	-0.40
3	23.77	25.18	-1.41	14	30.38	30.53	-0.15
4	24.81	27.35	-2.54	15	30.08	29.87	0.21
5	25.77	28.45	-2.68	16	31.07	29.96	1.11
6	23.70	24.65	-0.95	17	25.43	24.03	1.40
7	24.52	23.42	1.10	18	26.40	29.36	-2.96
8	26.73	27.04	-0.31	19	26.08	26.32	-0.24
9	26.02	27.19	-1.17	20	26.68	25.36	1.32
10	27.27	27.30	-0.03	平均	26.64	27.01	-0.37
11	25.57	26.38	-0.81				

1. 精密度检验

应用 F 检验法对两种方法精密度的一致性进行检验：

机械采样标准差 $\qquad s_{机} = \sqrt{\dfrac{(27.19 - 26.64)^2 + \cdots + (26.68 - 26.64)^2}{20 - 1}} = 2.30$

停皮带人工采样标准差 $\qquad s_{人} = \sqrt{\dfrac{(26.61 - 27.01)^2 + \cdots + (25.36 - 27.01)^2}{20 - 1}} = 2.28$

$F = s_{机}^2 / s_{人}^2 = 1.02$，给定显著性水平为 0.05，因是双侧检验，查 F 表，$F_{0.025, 19, 19} = 2.51$，

$1.02 < F_{0.025,19,19}$，说明两种采样方法精密度之间无显著性差异，即精密度具有一致性。

2. 灰分平均值一致性检验

先代入数据求出 $s_机$ 与 $s_人$ 的平均标准差 $\bar{s}$：

$$\bar{s} = \sqrt{\frac{(n_机 - 1)s_机^2 + (n_人 - 1)s_人^2}{(n_机 + n_人 - 2)}} = 2.29$$

代入数据计算统计量 t 值：

$$t = \frac{|\bar{A}_机 - \bar{A}_人|}{\bar{s}} \sqrt{\frac{n_机 \times n_人}{n_机 + n_人}} = 0.51$$

此为双侧检验，给定显著性水平 0.05，查 t 值表，$t_{0.05,38} = 2.02$，由于 $0.51 < t_{0.05,38}$，故二者灰分平均值具有一致性。

3. 系统误差检验

系统误差是利用两种采样方法所采样品 A_d 之间是否存在显著性差异来判断的。先求出两种采样方法 A_d 差值的平均值 $\bar{d}$：

$$\bar{d} = \frac{1}{n} \sum (A_机 - A_人) = -0.37$$

再计算 A_d 差值的方差 s_d^2：

$$s_d^2 = \frac{1}{n-1} \left[\sum d^2 - \frac{\left(\sum d\right)^2}{n} \right] = 1.66 \qquad s_d = 1.29$$

最后代入数据计算统计量 t 值：

$$t_d = \frac{|\bar{d}|}{s_d / \sqrt{n}} = 1.28$$

给定显著性水平 0.05，此为双侧检验，查 t 值表得 $t_{0.05,19} = 2.09$，由于 $1.28 < t_{0.05,19}$，故二者无显著性差异，机械采样不存在系统误差。

4. 置信范围的检验

两种采样方法 A_d 差值的置信范围 $D(\%)$ 计算式：

$$D = \bar{d} \pm t_{a,f} \frac{s_d}{\sqrt{n}} \tag{2-8}$$

参数代入后，$D = -0.37 \pm t_{0.05,19} \dfrac{1.29}{\sqrt{20}} = -0.37 \pm 0.60$。

两者差值在 95% 概率下为 $-0.97\% \sim 0.23\%$ 之间。

由此得出结论：机械采样与停皮带人工采样精密度、灰分平均值均具有一致性，且不存在系统误差，故机械化采样可代替人工采样。

第三章　培　训　指　导

一、培训的目的

培训的直接目的是提高和改善员工的知识、技能和行为模式。通过课堂教学方式，使员工掌握选煤技术检查工各等级知识和技能，提高员工的竞争力。

二、培训的指导思想

以员工为中心，以"分析培训需求确定培训目标"和"培训效果的评估和落实"为基本点开展培训工作。

三、培训需求和计划

1. 培训需求

根据人员素质情况和工作需要提出培训需求，培训需求根据目的不同分为以下几种：

（1）学历培训：指以提高员工文化程度为目的的培训，包括在职研究生、专升本、大中专学历培训等；

（2）职能业务培训：指以提高员工岗位工作能力和业务水平及进行专业知识更新为目的的培训，包括岗位技能培训，新业务、新知识、新工艺培训等；

（3）岗前培训：指对新分配、调入或转岗人员上岗前进行的岗位基本知识和技能的培训，培训内容包括本中心质量管理体系文件，国家、企业和本中心的法律法规、规章制度，本岗位工作基本理论和基本实际操作技能，安全知识等；

（4）待岗培训：对经检查考核或工作发生严重错误，或在实际工作中发现不适应本岗位工作需要的人员，暂时停止其岗位工作而进行的培训。

2. 培训计划

培训计划是按照一定的逻辑顺序排列的记录，它是从组织的战略出发，在全面、客观的培训需求分析基础上做出的对培训时间、培训地点、培训者、培训对象、培训方式和培训内容等的预先系统设定。

培训计划必须满足组织及员工两方面的需求，兼顾组织资源条件及员工素质基础，并充分考虑人才培养的超前性及培训结果的不确定性。

四、培训方式

培训方式包括学历教育，选派人员参加上级单位举办的培训班、本单位自己组织举办的培训班，各部门日常业务培训，师带徒培训，参加函授学习和自学等。

五、培训讲义的编制

（一）培训讲义编制技巧

1. 确立培训的主题

通过对培训需求进行总结分析，确定培训主题。培训主题应是整个培训讲义的实质性内容，是对培训内容的高度概括，主题鲜明、深刻，有助于加深学员的记忆效果，提高培训的效率。

2. 构思培训提纲

在编写培训教案的过程中，将培训主题进行分类后，同一板块的培训提纲要有章法可循，而条理清晰的培训提纲有助于学员加深对培训主题的理解，提高培训效率。

3. 素材搜集的信息渠道及整理技巧

（1）素材搜集的渠道有媒体电视/相关报纸/杂志等。

（2）素材的整理技巧。素材搜集到位后，接下来就是将主题、提纲、素材进行有机的融合，组织编写培训教案。

总之主题的提炼要鲜明，言简意赅，并要确保能充分引起培训对象的注意；围绕主题将素材进行取舍整合，力求将素材提炼成能引起培训对象感兴趣的培训内容；培训内容要能激发培训对象的求知欲望；培训教案的终极目标是学有所思，思有所得，学以致用。

（二）培训讲义编制注意事项

（1）培训讲义的内容应由浅入深，并有条理性和系统性。

（2）应结合本企业、本职业在生产技术、质量方面存在的问题进行分析，并提出解决的方法。

（3）应结合本职业介绍一些新技术、新工艺、新材料、新设备应用方面的内容。

（4）对于没有定论或没有根据的内容不要写进培训讲义。

（5）培训讲义的语言要生动，能吸引学员的注意力。

六、培训效果考核

凡送出参加外部培训的人员，培训结束后应提交培训达到预期效果的证明材料（如考试成绩、结业证书、合格证书等），并由管理人员在本人技术档案中登记，将证明材料复印件存档。

自行组织的培训，培训后一般应进行书面考试和/或实际操作考核。考核的方式可以有口试、笔试、实际操作、讨论、竞赛和比武等。

七、培训记录和档案管理

培训组织部门做好培训记录、考核记录。参加培训各部门负责将培训结果记录在本人技术档案中。对于培训档案，一般分管理技术人员、工人技师、一般操作人员进行分级管理，对管技人员和工人技师的相关授权、能力、资质等应更严格管理，一般由培训组织部门建立和保持其技术档案。各部门负责对本部门员工技术档案实行动态管理，建立和保持技术档案，对于重要培训，如外出专业培训、技术比武等，应保存相关证明材料和考核记录。

第二部分

选煤技术检查工
高级技师技能

第四章 试 验 与 操 作

在生产中往往要了解某种（台）设备工艺效果，以判断设备性能和技术水平。技术检查工作中，应着重进行单机检查，因为这种检查（与试验）具有研究性质，往往可以找出问题关键所在，或者发现某些规律和趋势，进而作为改进工作、提高设备工艺效果，改善选煤技术指标的依据。因此设备工艺效果评定是技术检查工作的一项重要工作，应予以特别重视。

设备工艺效果评定一般采用两类指标，数量指标（即处理量）和效率指标。重选设备和筛分设备工艺效果评定方法已有《煤用重选设备工艺性能评定方法》（GB/T 15715—2014）、《煤用筛分设备工艺性能评定方法》（GB/T 15716—2005），其他设备工艺效果评定方法有煤炭行业颁布的指导性技术文件，包括破碎、水力分级、浓缩、脱水、浮选、磁选和脱硫设备七大类。

选煤厂主要机械设备工艺性能评定是不定期进行的，应按生产情况和需要决定。评定机械设备工艺性能的试样，应在选煤厂正常生产情况下采取，连续采样时间不得少于2 h，其采制化工作和试验方法均按标准进行。试验结果应根据试验内容，参照有关规定填写试验报告。

进行设备工艺效果评定之前，首先要明确目的，根据预期达到的要求和结果，确定试验方法、采样流程、采样制度和化验项目。这些工作必须有周密计划和安排，因为任何疏忽，哪怕漏掉一个取样点，少化验一个项目，缺少某一个数据，就有可能影响整个试验结果，甚至使整个检查和试验资料作废。为此，在设计一个单机检查时，最好参考以前的类似检查与专题试验报告，吸取过去的经验，将单机检查试验安排得尽可能周密、完善。

第一节 破碎设备工艺效果的检查与评定

一、内容

介绍了煤用破碎设备工艺效果的评定指标及计算方法。

二、评定方法

采用破碎效率为主要指标，并以细粒增量为辅助指标，综合评定破碎设备的工艺效果。破碎效率按式（4-1）计算：

$$\eta_p = \frac{U_{-d} - F_{-d}}{F_{+d}} \times 100 \qquad\qquad (4-1)$$

式中　　η_p——破碎效率，%；

F_{+d}——入料中大于要求破碎粒度 d 的含量，%；

F_{-d}——入料中小于要求破碎粒度 d 的含量，%；

U_{-d}——排料中小于要求破碎粒度 d 的含量，%。

计算结果取小数点后两位，修约至小数点后一位。

细粒增量按式（4-2）计算：

$$\Delta = U_{-f} - F_{-f} \qquad\qquad (4-2)$$

式中　　Δ——细粒增量，%；

U_{-f}——排料中的细粒含量，%；

F_{-f}——入料中的细粒含量，%。

计算结果取小数点后两位，修约至小数点后一位。

三、细粒级的粒度范围

细粒的粒度下限规定为 0。细粒的粒度上限为对排料粒度大于和等于 50 mm 的粗碎，采用 13 mm；对排料粒度小于 50 mm 的中碎和细碎，采用 0.5 mm。

四、入料和排料各粒度组成的测定

入料和排料各粒度组成的测定按 GB/T 477—2008《煤炭筛分试验方法》执行。根据评定要求：

（1）筛分级别可以减少，但应包括与要求破碎粒度、破碎设备排料口尺寸和细粒上限大小相应的级别。若上述级别与 GB/T 477—2008 规定不符时，则筛分级别的数目应满足能绘制粒度特性曲线的要求，一般不少于 4 级。

（2）如无特别要求，可不进行大于 25 mm 各级别的手选及所有各级别的全硫（$S_{t,d}$）、挥发分（V_{daf}）和发热量（$Q_{gr,d}$）的测定。

五、其他

采样和制样工作应按煤炭行业有关标准执行。

在进行试验的同时，必须测定和记录破碎设备型号、规格、用途、破碎粒度、处理能力等。另外，根据需要尚须测定和记录如下项目：

（1）入料性质——牌号、硬度、脆性、可碎性、可磨性、含矸率、黄铁矿含量、全水分、粒度组成等；

（2）破碎机结构特征；

（3）入料状况——入料的均衡性。

将记录及计算的主要数据按表4-1格式填写，其余资料附记于表后。

表4-1 破碎设备工艺效果试验报告表

型号规格	用途	破碎粒度 d/ mm	细粒上限 f/ mm	处理能力/ (t·h⁻¹)		入料中含量/%			排料中含量/%			破碎效率 η_p (100%)	细粒增量 Δ (100%)
				设计	实际	F_{+d}	F_{-d}	F_{-f}	U_{+d}	U_{-d}	U_{-f}		
1	2	3	4	5	6	7	8	9	10	11	12	13	14

第二节 煤用筛分设备工艺性能评定方法

一、术语及定义

实际给料：试验期间给入分级设备的物料，包括再循环物料。

粗粒物料：大于参考粒度的物料。

细粒物料：小于参考粒度的物料。

产品：从筛分设备中排出、进一步处理或再循环之前的物料。

粗粒产品：筛分后得到的筛上产品，其中粗粒物料含量高于入料。

细粒产品：筛分后得到的筛下产品，其中细粒物料含量高于入料。

理论产率：由计算入料粒度特性曲线所确定的、在参考粒度下的产品最高产率。

分离精度：通常用平均可能偏差（E_{pm}）表示，用于不完善分离的评定。

粗粒物的正配效率（E_c）：粗粒产品中的粗粒物料占计算入料中粗粒物料的百分率。

细粒物的正配效率（E_t）：细粒产品中的细粒物料占计算入料中细粒物料的百分率。

综合分离指数（筛分效率）：粗粒物的正配效率（E_c）与细粒物的正配效率（E_t）之和减 100。

二、评定指标

分离精度、错配物含量、综合分离指数（筛分效率）、给料速度、分级参考粒度、分离难度和物料特性均为评定指标。

1. 分离精度

分离精度用平均可能偏差表示，并且作为评定指标列入筛分设备性能报告表中。

$$E_{pm} = \frac{S_{75} - S_{25}}{2} \qquad (4-3)$$

式中　E_{pm}——平均可能偏差；

　　　S_{75}——分配曲线上对应于分配率为 75% 的粒度值；

　　　S_{25}——分配曲线上对应于分配率为 25% 的粒度值。

当分配曲线不很规整，无法同时求得 S_{75} 和 S_{25} 时，可以分别使用上可能偏差 E_{pu} 或下可能偏差 E_{pl}。S_{50} 为分配曲线上对应于分配率为 50% 的粒度值。

$$E_{pu} = S_{75} - S_{50} \qquad (4-4)$$

$$E_{pl} = S_{50} - S_{25} \qquad (4-5)$$

2. 错配物含量

错配物含量可由计算得出，计算方法如下：

$$M_o = M_c + M_f \qquad (4-6)$$

$$M_c = 100 \times \gamma_c O_f \qquad (4-7)$$

$$M_f = 100 \times \gamma_f U_c \qquad (4-8)$$

式中　M_o——总错配物含量，%；

　　　M_c——粗粒（筛上）产品中的错配物含量，即粗粒（筛上）产品中的细粒物占入料的百分数，%；

　　　M_f——细粒（筛下）产品中的错配物含量，即细粒（筛下）产品中的粗粒物占入料的百分数，%；

　　　γ_c——粗粒（筛上）产品的实际产率，%；

　　　γ_f——细粒（筛下）产品的实际产率，%；

　　　O_f——粗粒（筛上）产品中的细粒物含量（占本级），%；

　　　U_c——细粒（筛下）产品中的粗粒物含量（占本级），%。

错配物含量也可读自各产品错配物曲线。

错配物含量作为评定指标列入筛分设备性能报告表中。

3. 综合分离指数（筛分效率）

综合分离指数（筛分效率）作为评定指标列入筛分设备性能报告表中，计算方法如下：

$$S_i = E_c + E_f - 100 \qquad (4-9)$$

$$E_c = \frac{\gamma_c - M_c}{\gamma_{c.t}} \times 100 \qquad (4-10)$$

$$E_f = \frac{\gamma_f - M_f}{\gamma_{f.t}} \times 100 \qquad (4-11)$$

式中　　S_i——综合分离指数（筛分效率）,% ；

　　　　E_c——粗粒物的正配效率,% ；

　　　　E_f——细粒物的正配效率,% ；

　　　　$\gamma_{c.t}$——粗粒（筛上）产品的理论产率,% ；

　　　　$\gamma_{f.t}$——细粒（筛下）产品的理论产率,% 。

在分级参考粒度下各粒级产品的理论产率可由计算入料的粒度特性曲线确定，也可以按式（4-12）、式（4-13）计算：

$$\gamma_{c.t} = \gamma_c - M_c + M_f \qquad (4-12)$$

$$\gamma_{f.t} = \gamma_f - M_f + M_c = 100 - \gamma_{c.t} \qquad (4-13)$$

4. 给料速度

单位时间的给料量，用质量和（或）体积表示。

5. 分级参考粒度

分级参考粒度用分配粒度（S_{50}）或等误粒度（S_e）来表示，并列入筛分设备性能报告表中。

（1）分配粒度（S_{50}）直接从分配曲线中得到；也可以从错配物曲线中由总错配物的最小值确定。

（2）粗粒产品和细粒产品错配物曲线交点所对应的粒度即为等误粒（S_e）；也可以从计算入料的粒度特性曲线上确定等误粒度（与细粒产品产率相对应的粒度）。

注：一般情况下，并不总是能够从筛分结果得到分配粒度，因此，必须使用一个可替代的参考粒度。为能够有一个性能比较，除了依据分配粒度做基础参数外，推荐也可用等误粒度作为参考。

6. 分离难度

分离难度用邻近粒度物含量表示。

邻近粒度物指在分级参考粒度 ±25% 范围以内的物料，其含量由计算入料的粒度特性曲线确定，列入筛分设备性能报告表中。

7. 物料特性

给料的其他有关特性，也列入试验与设备数据表。

三、试验要求

（1）应从实际给料和每一产品中采样。采样时应按照 GB 481—1993 和 GB/T 477—2008 选择采样方法、子样的最小数量和每个子样的最小质量，使所采集的每个子样都具代表性。

（2）必须确定给料速度和每一产品的干基实际产率，可以根据下列步骤之一获得：

①每个产品的质量应该由下列方法中的至少一种来确定：

在试验中直接评定全部入料和产品的质量和（或）体积；

在试验期间用定量皮带秤进行连续称重并累计；

在试验期间定期采样称重。

注：如不能测定其中一种产品的质量，可以给料和产品间的质量平衡原则计算得到。

②当各产品产率由计量法计量困难时，用给料和产品的筛分分析法确定每种产品的产率。

（3）粒度分析所使用的方法和设备、百分数的基础（根据质量或体积）应该在数据表和给料与产品的粒度分布表中陈述。给料煤样和各产品煤样都应进行粒度分析，对每一粒级来说，其上、下筛孔之比不得超过 2∶1。当某一粒级的含量超过煤样的 10% 时，建议粒度区间之比降到 $\sqrt{2}\,∶1$ 左右。

四、数据检验

1. 均方差检验

不论是用计量法还是用计算法，获得产品产率后，均应用均方差核实产品产率和筛分资料的正确性及可靠性。均方差检验按式（4-14）计算：

$$\sigma = \sqrt{\dfrac{\sum \Delta^2}{N - M + 1}} \tag{4-14}$$

式中　σ——均方差；

　　　Δ——计算入料和实际入料中各粒级含量之间的差值；

　　　N——所用筛分资料中的粒级数；

　　　M——筛分作业的产品数。

（1）均方差的临界值一般为 3.0，小于 3.0 为合格。当入料粒度大于 25 mm 或为煤泥时，临界值可放宽为 4.0。

（2）如相邻两粒级的 Δ 值均超过 3.0，且符号相反，则在计算 σ 前，可先将此两级合并，但合并后粒度级应仍能满足"评定结果判断"中③的规定。

（3）如 Δ 值在分配粒度附近整齐地划分成两组，其符号为一正一负，有可能是产品产率值不合理造成的（例如大于分配粒度的一组为正，另一组为负，则可能是筛上产品产率过大；反之，则可能是过小），应进一步核实产品产率。

2. 评定结果判断

在评定过程中如出现下列情况之一，则认为评定结果无效：

①产品产率出现负值；

②除边缘粒级外，分配率与粒度没有单调的增减序列关系；

③入料和产品的筛分粒级数全部小于 6 级，或个别产品的粒级数小于 4 级。

五、曲线绘制及表格的填写

1. 总述

对所有数据进行评价，并将其填在下面的图、表中（以某振动筛为例）：

表 4 - 2——试验与设备数据；

表 4 - 3——给料与产品的粒度分布；

表 4 - 4——分配率与错配物数据；

图 4 - 1——分配曲线；

图 4 - 2——计算入料的粒度分布曲线；

图 4 - 3——错配物曲线；

表 4 - 5——筛分设备性能报告表；

表 4 - 6——均方差计算表。

表 4 - 2 试 验 与 设 备 数 据

试验编号：WE/S/1		试验日期：17/9/1983	工厂名称：标准选煤厂
设备技术特征		入 料 特 性	
设备类型	双层振动筛	入料性质	原煤
设备尺寸	2.44 m×6.1 m	粒级	<100 mm
倾角	20°	容积密度	1.4 t/m³
振动轨迹	圆形	全水分	7.1%
振动方向	逆煤流	外在水分	5.5%
振幅	9 mm	干基灰分	25.0%

表4-2（续）

试验编号：WE/S/1		试验日期：17/9/1983		工厂名称：标准选煤厂	
设备技术特征		入 料 特 性			
频率	16 Hz				
层数	2	试验条件			
布置方式	层叠	试样质量			
一层	辅助		测定方法	质量/t	含量/%
公称面积	14.9 m²	入料	计算	945	100.0
有效面积	13.4 m²	粗粒产品	皮带秤	640	67.6
筛面种类	钢丝网	细粒产品	车皮直接称重	305	32.4
筛孔	38.1 mm×38.1 mm	试验时间		7 h 36 min	
开孔率	77%	平均给料速度		124.5t/h	
二层	筛分	试 验			
公称面积	14.9 m²	采样方法		子样数	子样重/kg
有效面积	13.4 m²	入料	手采	40	400
筛面种类	钢丝网	粗粒产品	手采	40	400
筛孔	7.35 mm×7.35 mm	细粒产品	机采	40	100
开孔率	57%	粒度分析方法		干筛	
指定粒度	6 mm	筛孔		试验筛	
额定能力	150 t/h 在指定粒度出两产品				

注：如有必要，可在表后附带记录一些其他有关资料。

表4-3　给料与产品的粒度分布

1	2	3	4	5	6	7	8	9	10	11	12
粒度分析方法：方孔筛试验		给料与产品分析						计算入料百分数		计算入料	
		实际给料		粗粒产品		细粒产品		粗粒产品	细粒产品		
粒级/mm		粒级含量/%	小于S_1的累计百分数	粒级含量/%	小于S_1的累计百分数	粒级含量/%	小于S_1的累计百分数	$\gamma_c=$61.2%	$\gamma_f=$38.8%	粒级含量/%	小于S_1的累计百分数
								粒级含量/%	粒级含量/%		
上限	下限										
S_1	S_2		$\sum(3)\uparrow$		$\sum(5)\uparrow$		$\sum(7)\uparrow$	$(5)\times\dfrac{\gamma_c}{100}$	$(7)\times\dfrac{\gamma_f}{100}$	$(9)+(10)$	$\sum(11)\uparrow$
100.0	50.0	6.0	100	8.8	100	0	100	5.4	0	5.4	100

表4-3（续）

1	2	3	4	5	6	7	8	9	10	11	12
粒度分析方法：方孔筛试验		给料与产品分析						计算入料百分数		计算入料	
粒级/mm		实际给料		粗粒产品		细粒产品		粗粒产品	细粒产品		
		粒级含量/%	小于S_1的累计百分数	粒级含量/%	小于S_1的累计百分数	粒级含量/%	小于S_1的累计百分数	γ_c = 61.2%	γ_f = 38.8%	粒级含量/%	小于S_1的累计百分数
上限	下限							粒级含量/%	粒级含量/%		
S_1	S_2		$\Sigma(3)\uparrow$		$\Sigma(5)\uparrow$		$\Sigma(7)\uparrow$	$(5)\times\dfrac{\gamma_c}{100}$	$(7)\times\dfrac{\gamma_f}{100}$	$(9)+(10)$	$\Sigma(11)\uparrow$
50.0	25.0	13.3	94.0	20.5	91.2	0	100	12.9	0	12.5	94.6
25.0	13.0	20.5	80.7	32.2	70.7	0.6	100	19.7	0.2	19.9	82.1
13.0	6.0	17.9	60.2	28.5	38.5	3.9	99.4	17.4	1.5	19.0	62.1
6.0	3.0	15.9	42.3	6.5	10.0	24.8	95.5	4.0	9.6	13.6	43.2
3.0	1.5	10.2	26.4	1.8	3.5	27.4	70.7	1.1	10.6	11.7	29.6
1.5	0.5	10.5	16.2	1.0	1.7	29.4	43.3	0.6	11.4	12.0	17.8
0.5	0	5.7	5.7	0.7	0.7	13.9	13.9	0.4	5.4	5.8	5.8
总计	—	100	—	100	—	100	—	61.5	38.7	100	—

注：括号中的栏目数代表取自那一栏的有关值。

表4-4 分配率与错配物数据

13	14	1	15	16	17
几何平均粒度/mm	分配率（粗粒产品）/%	粒级/mm	错配物（按计算入料的百分率）		
		上限	粗料产品	细粒产品	总计
			小于S_1的累计百分数	小于S_1的累计百分数	
$\sqrt{S_1\times S_2}$	$\dfrac{(9)}{(11)}\times100$	S_1	$\Sigma(9)\uparrow^{a}$	$\Sigma(10)\downarrow^{b}$	$(15)+(16)$
70.71	100	100.0	61.2	0	61.2
35.36	100	50.0	55.8	0	55.8
18.03	98.8	25.0	43.3	0	43.3
8.83	92.0	13.0	23.6	0.2	23.8
4.24	29.2	6	6.1	1.7	7.8
2.12	9.4	3	2.1	11.3	13.5
0.87	5.1	1.5	1.0	22.0	23.0

表4-4（续）

13	14	1	15	16	17
几何平均粒度/mm	分配率（粗粒产品）/%	粒级/mm 上限	错配物（按计算入料的百分率）粗料产品 小于S_1的累计百分数	细粒产品 小于S_1的累计百分数	总计
$\sqrt{S_1 \times S_2}$	$\dfrac{(9)}{(11)} \times 100$	S_1	$\sum(9) \uparrow^{a}$	$\sum(10) \downarrow^{b}$	(15)+(16)
—	7.4	0.5	0.4	33.4	33.8
—	0	0	0	38.8	38.8
—	—	—	—	—	—

注：括号中的栏目数代表取自本表或表4-3的相应值。

a 表示从 S_1 等于零开始，对 S_1（表4-3中的第1栏）的设定值的累计。

b 表示从 S_1（表4-3中的第2栏）的设定值到 S_1 等于零的累计。

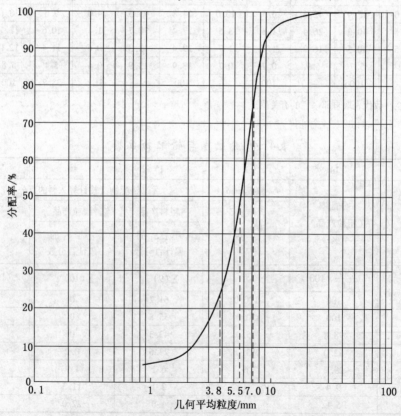

图4-1　分配曲线

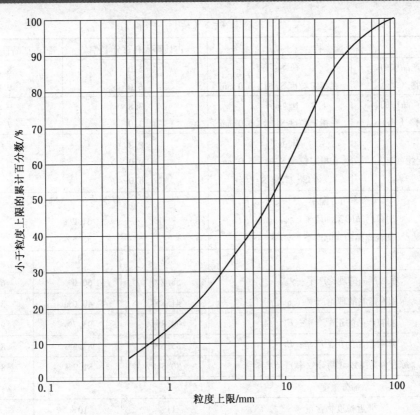

图4-2 计算入料的粒度分布曲线

表4-5 筛分设备性能报告表

性 能 参 数	测定值/mm
分 配 曲 线	
分配粒度：S_{50}	5.5
25%的截取值：S_{25}	3.8
75%的截取值：S_{75}	7
平均可能误差：$\dfrac{S_{75} - S_{25}}{2}$	1.6
上可能误差：$S_{75} - S_{50}$	1.5
下可能误差：$S_{50} - S_{25}$	1.7
错配物曲线 等误粒度：	4.8

表4-5（续）

错　配　物		占计算入料百分率/%	占产品百分率/%
粗粒产品中的 错配物（M_c）	在 S_{50} 时：	5.0	8.2
	在指定粒度 S_d 时：6.0 mm	6.0	9.8
细粒产品中的 错配物（M_f）	在 S_{50} 时：	3.8	9.8
	在指定粒度 S_d 时：6.0 mm	3.0	7.7
总错配物（M_o）	在 S_{50} 时：	8.8	
	在指定粒度 S_d 时：6.0 mm	9.0	
	在等误粒度 S_e 时：	8.0	

产率与分配率			
粗粒产品的实际产率：γ_c		61.2%	
细粒产品的实际产率：γ_f		38.8%	

	S_d	S_{50}	S_e
粗粒产品的理论产率：$\gamma_{c.t}$	58.2%	60.0%	61.2%
细粒产品的理论产率：$\gamma_{f.t}$	41.8%	40.0%	38.8%
粗粒产品的正配产率：E_c	94.8%	93.7%	92.8%
细粒产品的正配产率：E_f	85.6%	87.5%	88.7%
综合分离指数（筛分效率）：S_i	80.5%	81.2%	84.5%
筛分难度			
邻近粒度物含量	11%	10%	10%

表4-6　均方差计算表

粒级/mm		实际入料	计算入料	$\Delta = \gamma_F - \gamma_{F.T}$	Δ^2
上　限	下　限	γ_F/%	$\gamma_{F.T}$/%		
100.0	50.0	6.0	5.4	-0.6	0.36
50.0	25.0	13.3	12.5	-0.8	0.64
25.0	13.0	20.5	19.9	-0.6	0.36
13.0	6.0	17.9	19.0	1.1	1.21
6.0	3.0	15.9	13.6	-2.3	5.29
3.0	1.5	10.2	11.7	1.5	2.25
1.5	0.5	10.5	12.0	1.5	2.25
0.5	0	5.7	5.8	0.1	0.01
		100.0	100.0	-0.1	12.37

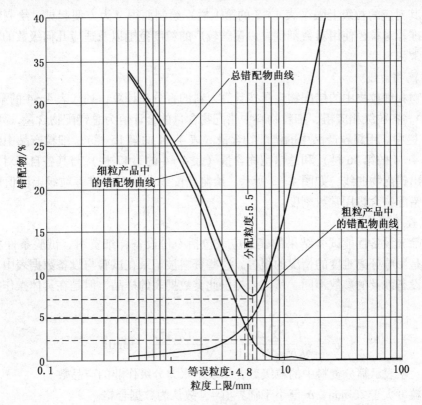

图 4-3　错配物曲线

表 4-3 和表 4-4 提供了初步计算步骤，括号中的栏目数代表取自那一栏的相应值。由所提供的表格得到绘制曲线的原始数据。

2. 基本数据

由性能试验得到的基本数据，包括实际入料的粒度分析，粗粒产品和细粒产品的粒度分析等，都被编入表 4-3 的第 1 栏到第 8 栏，并在第 9~12 栏中以计算入料为基数作出了调整。

试验得到的数据及评定指标的数值修约到小数点后一位。

3. 分配曲线

用分配率和与其相对应的几何平均粒度绘制出的曲线为分配曲线，如图 4-1 所示。推荐每一粒级用其几何平均粒度表示，几何平均粒度和分配率在表 4-4 第 13、14 栏中算出。绘制分配曲线时，推荐几何平均粒度用对数刻度表示，分配率用常数刻度表示。

4. 计算入料的粒度分布曲线

计算入料的粒度分布曲线（图 4-2）是用各粒级含量的累计百分数（表 4-3 的第 12

栏）和与其对应的粒级上限（表4-3的第1栏）绘制而得。为方便起见，绘制粒度特性曲线时，推荐对粒径使用对数刻度，以覆盖较广的粒度范围以及适应几何级数的粒级，粒级含量用常数刻度。

5. 错配物曲线

粗粒物和细粒物中的错配物含量按计算入料的百分率计算，列入表4-4的第15栏和第16栏中。各粒级相应粗、细粒物料中错配物含量的合计值为总错配物含量，列在表4-4的第17栏中。用粗粒产品中的错配物含量（表4-4的第15栏）、细粒产品中的错配物含量（表4-4的第16栏）和总错配物含量（表4-4的第17栏）与其各自相对应的粒级上限，绘出错配物曲线，如图4-3所示。绘制错配物曲线时，推荐粒级上限值用对数刻度表示，错配物含量用常数刻度。

6. 试验与设备数据

煤炭筛分设备性能试验结果的表述应该包括一份设备详细资料、试验条件和入料特性，特别是影响分离难度的情况的报告，这些资料被记录在试验与设备数据表中。鉴于不同种类的设备涉及的参数不同，所以未提供此类数据表的样品，但是在具体操作实例中提供了样品。

$$\sigma = \sqrt{\frac{\sum \Delta^2}{N - M + 1}} = \sqrt{\frac{12.37}{8 - 2 + 1}} = 3.01$$

其中，N 表示筛分资料中的粒级数，M 表示水力分级作业的产品数。

入料粒度大于 25 mm，σ 值小于临界值 4，故认为数据合格。

第三节　煤用重选设备工艺性能评定方法

一、适用范围

（1）重介质分选机。

（2）跳汰机。

（3）其他分选设备。

二、术语及定义

给料速度：在性能检测过程中，单位时间内给入评定设备的煤量，单位为 t/h。

三、评定指标

1. 评定重选设备工艺性能的指标

评定指标有给料速度、可能偏差或不完善度、数量效率、灰分误差、总错配物含量、邻近密度物含量。

（1）给料速度。在整个性能检测过程中，要尽可能地保持给料速度均匀并采用现有精确的方法测定给料速度，其单位为 t/h。

（2）可能偏差或不完善度。可能偏差一般用于重介质分选，不完善度仅用于水介质分选，它们的计算公式分别为

$$E = \frac{1}{2}(d_{75} - d_{25}) \tag{4-15}$$

$$I = \frac{d_{75} - d_{25}}{2(d_{50} - 1)} \tag{4-16}$$

式中　　E——可能偏差，kg/L；

$\quad\quad I$——不完善度；

$\quad\quad d_{75}$——重产品分配曲线上对应于分配率为 75% 的密度，kg/L；

$\quad\quad d_{25}$——重产品分配曲线上对应于分配率为 25% 的密度，kg/L；

$\quad\quad d_{50}$——重产品分配曲线上对应于分配率为 50% 的密度，即分配密度，kg/L。

（3）数量效率。其计算公式为

$$\eta_e = \frac{\gamma_p}{\gamma_t} \times 100 \tag{4-17}$$

式中　　η_e——数量效率，%；

$\quad\quad \gamma_p$——实际精煤产率，%；

$\quad\quad \gamma_t$——理论精煤产率，其值从计算入料的可选性曲线上获得，%。

（4）灰分误差。其计算公式为

$$A_e = A_p - A_t \tag{4-18}$$

式中　　A_e——灰分误差，%；

$\quad\quad A_p$——实际精煤灰分，%；

$\quad\quad A_t$——理论精煤灰分，其值从计算入料的可选性曲线上获得，%。

（5）总错配物含量。其计算公式为

$$M_o = M_1 + M_h \tag{4-19}$$

式中　　M_o——总错配物含量（占入料），%；

$\quad\quad M_1$——密度小于分选密度的物料在重产品中的错配量（占入料），%；

$\quad\quad M_h$——密度大于分选密度的物料在轻产品中的错配量（占入料），%。

（6）邻近密度物含量。

邻近密度物含量值应由煤炭可选性评定方法确定。

2. 指标的应用原则

新研制设备的鉴定、新投产设备的验收或重要的生产技术检查应计算全部指标。

3. 指标的计算

（1）一般只计算全粒级，新研制设备鉴定和新投产设备验收必须各粒级分别计算。

（2）分选下限一般可按 0.5 mm 计算，也可按设备的具体情况取值。

（3）对于多段分选，可将每段视为一个单独的分选过程，各有自己的计算入料。分段绘制分配曲线和错配物曲线。

（4）分选产品的产率采用全量计量法确定。

（5）有效数字的取值原则是以百分数为单位的量修约到小数点后两位，其他量修约到两位或两位以上。

四、曲线绘制

1. 分配曲线

1）分配率的计算

分配率按计算入料在重产品中的分配情况计算。

对于分离出 M 种产品的分选设备，共有（$M-1$）个分选段，如果逐段分离出重产品，则各段的重产品分配率按式（4-20）计算：

$$P_{kj} = \frac{\gamma_s G_{sj}}{\sum\limits_{i=1}^{s} \gamma_i G_{ij}} \times 100 \quad (k = 1, 2, \cdots, M-1; j = 1, 2, \cdots, N) \qquad (4-20)$$

式中　　　P_{kj}——第 k 段第 j 个密度级的重产品分配率，%；

　　γ_i、γ_s——第 i 种或第 s 种产品的产率，%，$i = 1, 2, \cdots, M-k+1$；

　　G_{sj}、G_{ij}——第 i 种或第 s 种产品中第 j 个密度级占该产品的产率，%。

对于逐段分离出轻产品的设备，各段的重产品分配率按式（4-21）计算：

$$P_{kj} = \frac{\sum\limits_{i=k+1}^{M} \gamma_i G_{ij}}{\sum\limits_{i=k}^{M} \gamma_i G_{ij}} \times 100 \quad (k = 1, 2, \cdots, M-1; j = 1, 2, \cdots, N) \qquad (4-21)$$

2）分配曲线的绘制

分配曲线在算术坐标中绘制，各数据点的横坐标为各密度级的平均密度，纵坐标为各密度级物料在重产品中的分配率，两个坐标轴刻度比例以密度 0.1 kg/L 对应分配率 10% ~ 20% 为宜。

在采用手工方式处理分配曲线时，各密度级的平均密度以及最低密度物和最高密度物的密度值可取经验值。

分配曲线按数据点至曲线在纵坐标方向的距离平方和最小的原则绘制，应保持光滑的"S"形态。

2. 计算入料的可选性曲线

计算入料的可选性曲线参照 GB/T 16417—2011《煤炭可选性评定方法》中的相应曲线绘制方法。

3. 错配物曲线

（1）错配物量按占计算入料的百分数计算。

（2）错配物曲线包括损失曲线、污染曲线以及这两条曲线叠加而成的总错配物含量曲线。

（3）损失曲线横坐标为密度，纵坐标为重产品中对应各密度的占计算入料的浮物累计产率。

（4）污染曲线与损失曲线采用同一横坐标，其纵坐标为轻产品中对应于各密度的占计算入料的沉物累计产率。

（5）损失曲线与污染曲线的交点对应等误密度。总错配物含量曲线的最低点对应分配密度。

五、分选产品产率的计算方法

1. 两产品分选

$$\gamma_1 = \frac{g_{01}}{g_{11}} \times 100 \qquad (4-22)$$

$$\gamma_2 = 100 - \gamma_1 \qquad (4-23)$$

$$g_{01} = \sum_{j=1}^{N} (G_{0j} - G_{2j})(G_{1j} - G_{2j})$$

$$g_{11} = \sum_{j=1}^{N} (G_{1j} - G_{2j})^2$$

式中　　　　N——浮沉试验时得到的产品数；

G_{0j}——实际入料中第 j 个密度级的产率，%；

G_{1j}、G_{2j}、G_{3j}——第 1、2、3 种产品中第 j 个密度级的产率，%。

2. 三产品分选

$$\gamma_1 = \frac{g_{01}g_{22} - g_{02}g_{12}}{g_{11}g_{22} - g_{12}g_{12}} \times 100 \qquad (4-24)$$

$$\gamma_2 = \frac{g_{02}g_{11} - g_{01}g_{12}}{g_{11}g_{22} - g_{12}g_{12}} \times 100 \qquad (4-25)$$

$$\gamma_3 = 100 - \gamma_1 - \gamma_2 \tag{4-26}$$

$$g_{01} = \sum_{j=1}^{N} (G_{0j} - G_{3j})(G_{1j} - G_{3j})$$

$$g_{11} = \sum_{j=1}^{N} (G_{0j} - G_{3j})^2 \qquad g_{12} = \sum_{j=1}^{N} (G_{1j} - G_{3j})(G_{2j} - G_{3j})$$

$$g_{02} = \sum_{j=1}^{N} (G_{0j} - G_{3j})(G_{2j} - G_{3j}) \qquad g_{22} = \sum_{j=1}^{N} (G_{2j} - G_{3j})^2$$

六、表格的填写

填写重选设备工艺性能评定报告表参考本节"工艺性能示例",其中,对于非三产品分选,内容可按产品数目适当增减。

影响设备工艺性能的因素见表4-7。

表4-7 影响设备工艺性能的因素

设备种类	入料性质	设备特征	操作条件
跳汰机		结构特征,筛板倾角,筛孔形状和尺寸,人工床层的配置,排料方式,风阀形式	入料状况,供水方式,洗水用量,供水浓度,风压,周期特征
干扰床分选机		结构特征,槽箱尺寸,各段倾角排料方式	入料状况,上升水压力,上升水量,入料浓度
摇床		结构特征,冲程,冲次,床面材料和倾角,床条高度范围,离心强度	入料状况,供水方式,洗水用量,供水浓度
旋流器	煤种,粒度组成,密度组成,形状,硬度,泥化特性	结构特征,入料口尺寸,中心管直径和插入深度,底流口尺寸,锥角,安装角	介质浓度,入料浓度,入料压力
重介质分选机		结构特征,悬浮液流向	加重质的种类和粒度,悬浮液密度和黏度,密度控制方法,介质循环量
斜槽分选机		结构特征,安装角,隔板的尺寸,安装高度和间距,排料方式	入料状况,供水方式,洗水用量,洗水浓度,洗水压力
螺旋分选机		断面形状,横向倾角,圈数,槽头数,槽面材料,螺距直径比	入料浓度,入料量,给料方式,截取器位置

注:对于重介质旋流器,还应考虑重介质分选机操作条件栏内的有关因素。

七、工艺性能示例

（1）某跳汰机工业性试验的基本情况见表4-8，表4-9是入料和产品的密度分析结果。

表4-8 重选设备工艺性能评定报告表

试验编号	TX-75	试验地点	×××矿务局 ××洗煤厂	试验日期	1988-09-27
概　况					
设备型号及规格			LTX-14		
入料煤种	气煤	入料粒度/mm	50~13	入料灰分/%	33.47
作业性质	主选	处理能力/(t·h^{-1})	140	试验用时/h	48
分 选 产 品					
精　煤		中　煤		矸　石	
产率	51.06	产率	20.88	产率	28.06
灰分	7.48	灰分	21.34	灰分	86.64
分选密度/(kg·L^{-1})		均方差		理论分选指标	
一段	1.854	0.50		理论精煤产率/%	58.09
二段	1.378			理论分选密度/(kg·L^{-1})	1.401
工艺性能评定结果					
给料速度/(t·h^{-1})		109			
可能偏差（E）/(kg·L^{-1})		一段		二段	
		—		—	
不完善度（I）		0.090		0.123	
数量效率（η_e）/%		87.92			
灰分误差（A_e）/%		1.46			
总错配物质量分数（M_o）/%		1.44		15.60	
等误密度/(kg·L^{-1})		1.996		1.372	
邻近密度物（±0.1 kg/L） 质量分数/%		51.15			

注：

表4-9 入料和产品的密度分析结果

密度级/	入 料		精 煤		中 煤		矸 石	
(kg·L^{-1})	产率/%	灰分/%	产率/%	灰分/%	产率/%	灰分/%	产率/%	灰分/%
(1)	(2)	(3)	(4)	(5)	(6)	(7)	(8)	(9)
-1.30	19.61	4.83	32.29	6.77	13.99	8.20	0.04	8.00
1.30~1.40	38.45	10.14	63.88	7.25	27.99	10.20	0.08	9.25
1.40~1.45	5.54	15.61	2.60	15.52	17.69	16.97	0.02	14.87
1.45~1.50	2.88	20.66	1.01	20.01	11.84	21.56	0.21	19.99
1.50~1.60	2.03	27.38	0.21	24.95	13.48	28.81	0.27	30.55
1.60~1.80	2.67	40.80	0.01	34.90	9.17	39.12	0.81	39.47
1.80~2.00	0.85	55.14	0.00	0.00	1.54	53.35	1.98	53.66
+2.00	27.97	89.57	0.00	0.00	4.30	81.18	96.59	88.12
合计	100.00	33.47	100.00	7.48	100.00	21.34	100.00	86.64

（2）分选产品的产率采用人工计算方法从表4-10中得到 g_{01}、g_{11}、g_{02}、g_{12} 和 g_{22}，代入式（4-24）~式（4-26），将各分选产品的产率填入表4-8中。

表4-10 分选产品的产率计算表

密度级/	$(G_{0j}-G_{3j})/\%$	$(G_{1j}-G_{3j})/\%$	$(G_{2j}-G_{3j})/\%$	$(G_{0j}-G_{3j})\times(G_{1j}-G_{3j})/\%$	$(G_{0j}-G_{3j})^2/\%$	$(G_{0j}-G_{3j})\times(G_{2j}-G_{3j})/\%$	$(G_{1j}-G_{3j})\times(G_{2j}-G_{3j})/\%$	$(G_{2j}-G_{3j})^2/\%$
(kg·L^{-1})								
(1)	(2)-(8)	(4)-(8)	(6)-(8)	(11)×(12)	(12)×(12)	(11)×(13)	(12)×(13)	(13)×(13)
(10)	(11)	(12)	(13)	(14)	(15)	(16)	(17)	(18)
-1.30	19.57	32.25	13.95	631.13	1040.06	273.07	450.00	194.70
1.30~1.40	38.37	63.80	27.91	2448.01	4070.44	1070.78	1780.45	778.78
1.40~1.45	5.52	2.58	17.67	14.24	6.66	97.54	45.59	312.23
1.45~1.50	2.67	0.80	11.67	2.14	0.64	31.05	9.30	135.26
1.50~1.60	1.76	-0.06	13.21	-0.11	0.00	23.25	-0.79	174.50
1.60~1.80	1.86	-0.80	8.36	-1.49	0.64	15.55	-6.69	69.89
1.80~2.00	-1.13	-1.98	-0.44	2.24	3.92	0.50	0.87	0.19
+2.00	-68.62	-96.59	-92.29	6628.01	9329.63	6332.94	8914.29	8517.44
合计	0.00	0.00	0.00	9724.17	14451.99	7844.67	11193.01	10182.99
				g_{01}	g_{11}	g_{02}	g_{12}	g_{22}

注：$\gamma_1=\dfrac{g_{01}g_{22}-g_{02}g_{12}}{g_{11}g_{22}-g_{12}g_{12}}\times100=51.06$；$\gamma_2=\dfrac{g_{02}g_{11}-g_{01}g_{12}}{g_{11}g_{22}-g_{12}g_{12}}\times100=20.88$；$\gamma_3=100-\gamma_1-\gamma_2=28.06$。

（3）分配率的计算见表4-11。

表4-11 分 配 率 计 算

密度级/	入料/%			计算入料	平均密度/	分配率/%	
(kg·L⁻¹)	精煤	中煤	矸石	G_{0j}^c	(kg·L⁻¹)	第一段	第二段
(1)	$\gamma_1 \times$ (4)	$\gamma_2 \times$ (6)	$\gamma_3 \times$ (8)	(20)+(21)+ (22)		(22)÷(23)	(21)÷[(20)+ (21)]
(19)	(20)	(21)	(22)	(23)	(24)	(25)	(26)
−1.30	16.55	2.90	0.01	19.46	1.25	0.06	14.89
1.30~1.40	32.74	5.79	0.02	38.56	1.32	0.06	15.03
1.40~1.45	1.33	3.66	0.01	5.00	1.42	0.11	73.32
1.45~1.50	0.52	2.45	0.06	3.03	1.47	1.95	82.56
1.50~1.60	0.11	2.79	0.08	2.97	1.54	2.55	96.29
1.60~1.80	0.01	1.90	0.23	2.13	1.67	10.66	99.73
1.80~2.00	0	0.32	0.56	0.87	1.89	63.53	100.00
+2.00	0	0.89	27.09	27.98	2.29	96.82	100.00
合计	51.26	20.70	28.05	100.00			

（4）计算入料的生成过程及其可选性数据见表4-12和表4-13。

表4-12 计 算 入 料 的 生 成

密度级/	精煤/%		中煤/%		矸石/%		计算入料/%	
(kg·L⁻¹)	产率	灰分	产率	灰分	产率	灰分	产率	灰分
(1)	(20)	(5)	(21)	(7)	(22)	(9)	(28)+(30)+ (32)	[(28)×(29)+(30)× (31)+(32)×(33)]÷(34)
(27)	(28)	(29)	(30)	(31)	(32)	(33)	(34)	(35)
−1.30	16.55	6.77	2.90	8.20	0.01	8.00	19.46	6.98
1.30~1.40	32.74	7.25	5.79	10.20	0.02	9.25	38.56	7.59
1.40~1.45	1.33	15.52	3.66	16.97	0.01	14.87	5.00	16.58
1.45~1.50	0.52	20.01	2.45	21.56	0.06	19.99	3.03	21.26

表4-12（续）

密度级/ (kg·L⁻¹)	精煤/%		中煤/%		矸石/%		计算入料/%	
	产率	灰分	产率	灰分	产率	灰分	产率	灰分
(1)	(20)	(5)	(21)	(7)	(22)	(9)	(28)+(30)+ (32)	[(28)×(29)+(30)× (31)+(32)×(33)]÷(34)
(27)	(28)	(29)	(30)	(31)	(32)	(33)	(34)	(35)
1.50~1.60	0.11	24.95	2.79	28.81	0.08	30.55	2.97	28.71
1.60~1.80	0.01	34.90	1.90	39.12	0.23	39.47	2.13	39.15
1.80~2.00	0	0	0.32	53.35	0.56	53.66	0.87	53.55
+2.00	0	0	0.89	81.18	27.09	88.12	27.98	87.90
合计	51.26	7.48	20.70	21.34	28.05	86.64	100.00	32.55

表4-13　计算入料的可选性

密度级/ (kg·L⁻¹)	产率/ %	灰分/ %	密度/ (kg·L⁻¹)	浮物累计/%			沉物累计/%	
				产率	灰分量	灰分	产率	灰分
(1)	(34)	(35)		Σ(37)↓	$\frac{Σ(37)×(38)↓}{100}$	$\frac{(41)÷}{Σ(40)×100}$	Σ(37)↑	$\frac{Σ(37)×(38)↑}{(43)}$
(36)	(37)	(38)	(39)	(40)	(41)	(42)	(43)	(44)
			D_{min}	0	0	A_{min}	100.00	32.55
-1.30	19.46	6.98	1.30	19.46	1.36	6.98	80.55	38.72
1.30~1.40	38.56	7.69	1.40	58.02	4.33	7.45	41.99	67.22
1.40~1.45	5.00	16.58	1.45	63.02	5.15	8.18	36.99	74.07
1.45~1.50	3.03	21.26	1.50	66.05	5.80	8.78	33.96	78.77
1.50~1.60	2.97	28.71	1.60	69.02	6.65	9.64	30.99	83.58
1.60~1.80	2.13	39.15	1.80	71.15	7.49	10.52	28.86	86.86
1.80~2.00	0.87	53.55	2.00	72.03	7.95	11.04	27.98	87.90
+2.00	27.98	87.90	D_{max}	100.00	32.55	32.55	0	A_{max}
合计	100.00	32.55						

注：本例中：$D_{min}=1.23$ kg/L，$D_{max}=2.59$ kg/L。

（5）表4-14和表4-15分别是两个分选段的错配物计算。对于第二段，应注意计算出本段产品占入料的产率［见表4-15第（57）列、第（58）列］。

（6）根据表4-11中第（24）列和第（25）列数据绘制第一段的分配曲线，根据表4-11中第（24）列和第（26）列数据绘制第二段的分配曲线（图4-4）。从分配曲线上分别得出两段的分选密度d_{50}和不完善度I，将相应数据填入表4-8。

表4-14 第一段错配物计算

密度级/(kg·L⁻¹)	占入料/%				密度/(kg·L⁻¹)	沉物累计/%		
	精煤	中煤	矸石（重产品）	轻产品		轻产品中的沉物	重产品中的浮物	合计
(1)	(20)	(21)	(22)	(46)+(47)		Σ(49)↑	Σ(48)↓	(51)+(52)
(45)	(46)	(47)	(48)	(49)	(50)	(51)	(52)	(53)
					D_{min}	71.96	0	71.96
-1.30	16.55	2.90	0.01	19.45	1.30	52.51	0.01	52.52
1.30~1.40	32.74	5.79	0.02	38.54	1.40	13.97	0.03	14.01
1.40~1.45	1.33	3.66	0.01	4.99	1.45	8.98	0.04	9.02
1.45~1.50	0.52	2.45	0.06	2.97	1.50	6.01	0.10	6.11
1.50~1.60	0.11	2.79	0.08	2.90	1.60	3.11	0.17	3.29
1.60~1.80	0.01	1.90	0.23	1.90	1.80	1.20	0.40	1.60
1.80~2.00	0	0.32	0.56	0.32	2.00	0.89	0.96	1.85
+2.00	0	0.89	27.09	0.89	D_{max}	0	28.05	28.05
合计	51.26	20.70	28.05	71.96				

表4-15 第二段错配物计算

密度级/(kg·L⁻¹)	占入料/%		占本段入料/%		密度/(kg·L⁻¹)	错配物/%		
	精煤	中煤	轻产品	重产品		轻产品中的沉物	重产品中的浮物	合计
(1)	(20)	(21)	(55)÷0.7196	(56)÷0.7196		Σ(57)↑	Σ(58)↓	(60)+(61)
(54)	(55)	(56)	(57)	(58)	(59)	(60)	(61)	(62)
					D_{min}	71.24	0.00	71.24
-1.30	16.55	2.90	23.00	4.03	1.30	48.24	4.03	52.27
1.30~1.40	32.74	5.79	45.51	8.05	1.40	2.73	12.08	14.81
1.40~1.45	1.33	3.66	1.85	5.09	1.45	0.88	17.17	18.04
1.45~1.50	0.52	2.45	0.72	3.41	1.50	0.16	20.57	20.73
1.50~1.60	0.11	2.79	0.15	3.88	1.60	0.01	24.45	24.46
1.60~1.80	0.01	1.90	0.01	2.64	1.80	0.00	27.09	27.09

表4-15（续）

密度级/ (kg·L⁻¹)	占入料/%		占本段入料/%		密度/ (kg·L⁻¹)	错配物/%		
	精煤	中煤	轻产品	重产品		轻产品中 的沉物	重产品中 的浮物	合计
(1)	(20)	(21)	(55)÷0.7196	(56)÷0.7196		Σ(57)↑	Σ(58)↓	(60)+(61)
(54)	(55)	(56)	(57)	(58)	(59)	(60)	(61)	(62)
					D_{min}	71.24	0.00	71.24
1.80~2.00	0.00	0.32	0.00	0.44	2.00	0.00	27.53	27.53
+2.00	0.00	0.89	0.00	1.24	D_{max}	0.00	28.77	28.77
合计	51.26	20.70	71.24	28.77				

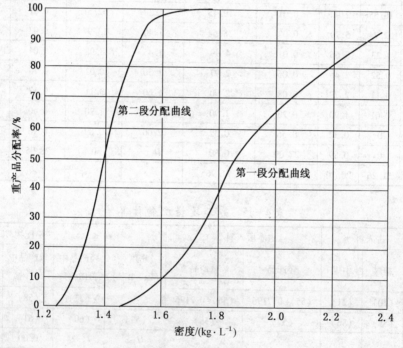

图4-4 分配曲线

（7）可选性曲线（图4-5）根据表4-13中的数据绘制。M曲线的横坐标是第（41）列数据（图4-5下端），δ曲线的横坐标是第（39）列数据（图4-5上端），它们的纵坐标都是第（40）列数据。从可选性曲线上读出理论精煤产率、理论分选密度和理论分选密度下的±0.1含量并填入表4-8中。

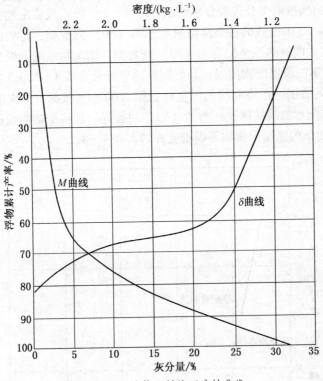

图4-5 计算入料的可选性曲线

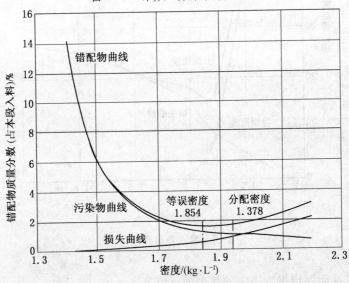

图4-6 第一段错配物曲线

　　（8）错配物曲线按两个分选段分别绘制。图 4-6 是第一段错配物曲线，其数据点的坐标来自表 4-14。3 条曲线的横坐标都对应于第（50）列数据，污染曲线的纵坐标为第（51）列数据，损失曲线的纵坐标为第（52）列数据，错配物曲线的纵坐标为第（53）列数据。图 4-7 是第二段错配物曲线，其数据点的坐标来自表 4-15。3 条曲线的横坐标都对应于第（59）列数据，污染曲线的纵坐标为第（60）列数据，损失曲线的纵坐标为第（61）列数据，错配物曲线的纵坐标为第（62）列数据。从错配物曲线图上分别读出每个分选段的分配密度下的总错配物和等误密度并填入表 4-8。

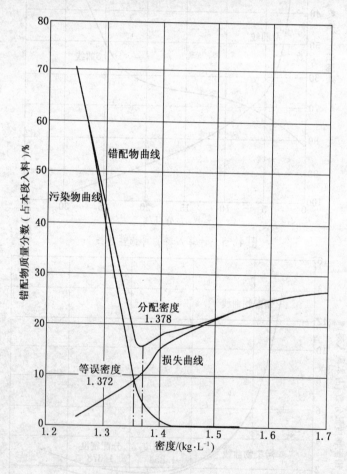

图 4-7　第二段错配物曲线

　　（9）将工艺性能评定报告表中的其余项目填齐。

第四节 磁选设备工艺效果检查与评定

一、术语及定义

磁性物回收率 ε：磁选机的精矿中所回收的磁性物占入料的磁性物的百分比值。

煤泥脱除率 ε_0：磁选机的尾矿中排除的非磁性物占入料的非磁性物的百分比值。

二、评定方法

（1）采用磁性物回收率作为磁选设备工艺效果评定的主要指标，煤泥脱除率作为评定的辅助指标。

磁性物回收率 $\varepsilon(\%)$ 计算公式为

$$\varepsilon(\%) = \frac{\gamma_\beta M_\beta}{100 M_\alpha} \times 100 = \frac{M_\beta(M_\alpha - M_\theta)}{M_\alpha(M_\beta - M_\theta)} \times 100 \tag{4-27}$$

式中　　γ_β——精矿产率，%，$\gamma_\beta(\%) = \dfrac{M_\alpha - M_\theta}{M_\beta - M_\theta} \times 100$；

M_α——磁选入料中的磁性物含量，以占磁选入料的百分数表示；

M_β——磁选精矿中的磁性物含量，以占磁选精矿的百分数表示；

M_θ——磁选尾矿中的磁性物含量，以占磁选尾矿的百分数表示。

（2）煤泥脱除率 $\varepsilon_0(\%)$ 计算公式为

$$\varepsilon_0(\%) = 100 - \frac{\gamma_\beta(100 - M_\beta)}{100(100 - M_\alpha)} \times 100 = 100 - \frac{(M_\alpha - M_\theta)(100 - M_\beta)}{(M_\beta - M_\theta)(100 - M_\alpha)} \times 100 \tag{4-28}$$

（3）评定指标的有效数值取小数点后两位。

（4）一段磁选设备直接按式（4-27）和式（4-28）计算，两段磁选设备按下面方法计算。

①分别计算第一段精矿产率 $\gamma_{\beta 1}$ 和第二段相对精矿产率（占本段）$\gamma'_{\beta 2}$。

②计算以第一段磁选机入料为基数的第二段精矿产率：

$$\gamma_{\beta 2} = \frac{\gamma_{\theta 1} \times \gamma'_{\beta 2}}{100} \tag{4-29}$$

式中　　$\gamma_{\theta 1}$——第一段尾矿（即第二段入料）产率，$\gamma_{\theta 1} = 100 - \gamma_{\beta 1}$。

③计算一、二段综合磁性物回收率：

$$\varepsilon(\%) = \frac{\gamma_{\beta1} \times M_{\beta1} + \gamma_{\beta2} \times M_{\beta2}}{M_{\alpha1}} \qquad (4-30)$$

④计算一、二段综合煤泥脱除率：

$$\varepsilon_o(\%) = 100 - \frac{\gamma_{\beta1}(100 - M_{\beta1}) + \gamma_{\beta2}(100 - M_{\beta2})}{100 - M_{\alpha1}} \qquad (4-31)$$

两段磁选设备产率计算示意图如图 4-8 所示。

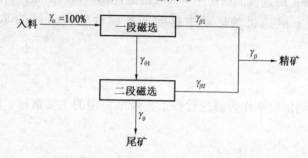

图 4-8 两段磁选设备产率计算示意图

三、选煤磁选设备工艺效果试验报告表（表 4-16）

表 4-16 选煤磁选设备工艺效果试验报告表

试验地点：   采样日期：

磁选设备	规格和型号	
	用途	
	编号	
处理量/$(m^3 \cdot h^{-1})$		
入料浓度/$(g \cdot L^{-1})$		
第一段磁性物含量/%	入料 $M_{\alpha1}$	
	精矿 $M_{\beta1}$	
	尾矿 $M_{\theta1}$	
第二段磁性物含量/%	入料 $M_{\alpha2}$（$M_{\theta1}$）	
	精矿 $M_{\beta2}$	
	尾矿 $M_{\theta2}$	

表4-16（续）

试验地点：   采样日期：

磁性物回收率/%	第一段 ε_1	
	第二段 ε_2	
	综合 ε	
煤泥脱除率（综合）ε_0/%		

制表人：   日期：

第五节　浮选设备工艺效果检查与评定

对浮选机的单机检查试验主要是测定一些实际浮选操作条件和对原料及产品做一些灰分化验和小筛分粒度分析，目的是为了了解不同粒度和不同质量的颗粒上浮速度，从数量和质量变化的趋势了解和研究浮选的进程，找出最佳入浮条件和加药方法，以提高浮选的分选效果（采用浮选精煤数量指数 η_{1f} 和浮选完善指标 η_{wf} 评定浮选工艺效果）。

一、吸入式浮选机的检查

（1）取样点及采样的确定。机械搅拌吸入式浮选机在室与室之间都有一个中矿箱，最后有尾矿箱，可用作采样点，所以每个室的精煤与尾煤可以按图4-9所布置的采样点取出。采样时应采取浮选总入料、总精煤、总尾矿和分室的精煤、尾煤。

（2）取样时间的确定。由于浮选物料粒度细，容易获得采样的代表性，故浮选机生产稳定以后，采样时间一般在 $1\sim2$ h 后即可。

（3）试验和化验项目的确定（图4-9）。各室的浮选精煤和最终尾煤，除化验灰分外，还须进行小筛分试验；而各室的尾煤和浮选机的入料只化验灰分，不需要做小筛分试验。因为在浮选过程中煤泥受浮选机叶轮多次破碎，解

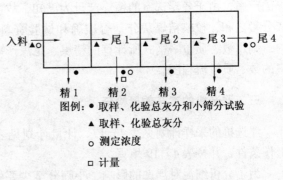

图例：● 取样、化验总灰分和小筛分试验
　　　▲ 取样、化验总灰分
　　　○ 测定浓度
　　　□ 计量

图4-9　吸入式浮选机逐室采样点布置

离现象严重，所以采用各室资料计算出的浮选入料，更符合实际。用实测法确定浮选第1室或第2室的小时产量，经过入料、精煤、尾煤数、质量平衡式计算，可以推算出一台浮选机各室全部数、质量指标。入料与尾煤应测浓度（固体含量），所测的浓度，用以校核

计算的结果。

（4）浮选机逐室检查资料的整理与分析。试验得到的原始资料要进行整理和分析，要求如下：①填写各室精煤和最终尾煤的灰分及小筛分试验报告表；②填写浮选入料和各室尾煤灰分化验报告表；③整理测定的数据；④记录入料性质，设备性能，加药制度，测定处理量和浮选机充气量；⑤用数、质量平衡关系计算出浮选精煤和尾煤的实际产率；⑥计算出各室浮选精煤占入料的产率；⑦绘出各粒度级在各室的分配率图；⑧计算浮选效率。

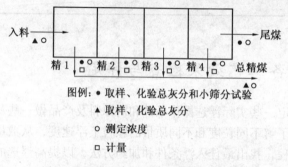

图例：● 取样、化验总灰分和小筛分试验
　　　▲ 取样、化验总灰分
　　　○ 测定浓度
　　　□ 计量

图 4-10　直流式浮选机逐室采样点布置

二、直流式浮选机的检查

由于直流式浮选机无法对各室的尾煤进行采样，所以不进行逐室采样试验，为了能找到各室数量与质量变化的规律，故在进行采样试验时应采取一些措施。直流式浮选机以 4 室一组为例，采样点布置如图 4-10 所示。

取样时间、试验化验项目和要求与吸入式浮选机相同。但由于直流式无法取出各室的尾煤，必须采用间接反推出浮选数量流程，所以各室浮选精煤都需计量。在计量时，取一个浮选室长 1/5 或 1/10 的接泡器，在刮泡的边缘上接取一次或两次精煤泡沫，然后将精煤泡沫称量，测出体积和浓度，用刮泡器的速度和每个室的宽度计算出单位时间处理的固定量。各室精煤产量的总计为一台浮选机的精煤产量。已知浮选入料、精煤、尾煤的灰分，用数、质量平衡式，计算出浮选精煤的产率，由于各浮选室的精煤产量为已知，故可以推算出各室的精煤产率。用各室精煤灰分量之和，校核精煤灰分是否准确和试验资料数据是否准确。如果误差在允许的范围内，则用数、质量平衡式所计算的精煤、尾煤产率可以使用，从而可得出直流式浮选机逐室的数、质量流程图。

三、浮选机的工艺效果检查

浮选机的采样计划见表 4-17，计量计划见表 4-18。在采样期间，要记录浮选机的工作条件，并按表 4-19 填写。

为了分析细泥对浮选的影响，小筛分至少要做到 0.075 mm 以下，如果有可能，应做到 0.045 mm 以下，并用湿法筛分。

试验结束后，用灰分量平衡法计算各室精煤尾煤产率并和计量结果对照，以计量结果为根据，计算浮选机处理干煤量、矿浆通过能力、药耗量、数量效率、浮选时间，并据此分析浮选机的工作效果。

表4-17 采样计划

名　称	总样重/kg	子样重/kg	子样份数	间隔时间/min	取样地点	取样工具	试验项目
各室精煤					总精馏槽	取样器	浓度、总灰、小筛分
总精煤						取样器	浓度、总灰、小筛分
各室尾煤					搅拌桶	取样器	浓度、总灰、小筛分
入料						取样器	浓度、总灰、小筛分、小浮沉

表4-18 计量计划

名　称	计量地点	计量方法	间隔时间
浮选入料	搅拌桶	搅拌桶放空后按正常入料测装满一定容积的时间	采完样后计两次
一室精煤		用容器接取泡沫称重	
起泡剂和捕收剂	各加药点	用量筒接取称重	

表4-19 浮选机的工作条件

型　号	分选槽个数	总容积/m³	充气量/[m³·(min·m²)⁻¹]	快灰			入料平均浓度/(g·L⁻¹)
				原煤	精煤	尾煤	

四、浮选设备工艺效果的评定

（1）采用浮选精煤数量指数、浮选完善指标来评定选煤厂浮选工艺效果。浮选精煤数量指数用于评定不同煤之间的浮选工艺效果，浮选完善指标用于评定同一煤在不同工艺条件不同操作条件下的浮选完善程度。

浮选精煤数量指数的计算见式（4-32），计算结果取小数点后一位，第二位按数字修约规则处理。

$$\eta_{if} = \frac{\gamma_j}{\gamma_j'} \times 100 \tag{4-32}$$

式中　η_{if}——浮选精煤数量指数,%;

γ_j——实际浮选精煤产率,%;

γ_j'——精煤灰分相同时, 标准浮选精煤产率,%。

标准浮选精煤产率按 GB/T 30046—2013 确定。

浮选完善指标的计算见式（4-33），计算结果取小数点后一位，第二位按数字修约规则处理。

$$\eta_{\text{wf}} = \frac{\gamma_j}{(100 - A_y)} \times \frac{A_y - A_j}{A_y} \times 100 \qquad (4-33)$$

式中 η_{wf}——浮选完善指标,%；

A_y——计算入料灰分,%；

A_j——浮选精煤灰分,%；

γ_j——实际浮选精煤产率,%。

(2)采样、试验的规定及产率的确定。

①检查浮选机工艺效果时,应分别采取浮选入料、总精煤、总尾煤和分室的精煤、尾煤。入料、总精煤、总尾煤做小浮沉和小筛分试验。

②根据精煤和尾煤的小浮沉试验得出密度曲线,画出计算原煤的可选性曲线,确定理论产率。采用计量法确定实际产率。计量有困难时,可采用灰分量平衡法计算精煤产率,计算公式:

$$\gamma_j = \frac{A_{d,w} - A_{d,y}}{A_{d,w} - A_{d,j}} \times 100 \qquad (4-34)$$

式中 γ_j——精煤的产率,%；

$A_{d,y}$、$A_{d,j}$、$A_{d,w}$——分别为浮选入料、精煤和尾煤的灰分,%。

分室精煤灰分的加权平均值和总精煤灰分相差不得超过0.5%,超过规定范围时,应检查采样、制样、化验的准确性。

③对入料性质、设备性能、加药制度及处理量等做详细记录(表4-20)。

表4-20 浮选机工作因素测定

设备名称	入料		处理量/ $(\text{t} \cdot \text{h}^{-1})$	加药地点及用量				浮选机充气量/ $[\text{m}^3 \cdot (\text{min} \cdot \text{m}^2)^{-1}]$
	$A_d/$ %	浓度/ $(\text{g} \cdot \text{L}^{-1})$		搅拌桶入料/ $(\text{kg} \cdot \text{t}^{-1})$	一段入料/ $(\text{kg} \cdot \text{t}^{-1})$	二段入料/ $(\text{kg} \cdot \text{t}^{-1})$	三段入料/ $(\text{kg} \cdot \text{t}^{-1})$	

矿浆充气量用柯西洛夫测量器(图4-11)测定。在测量前,将筒1装满水,并且关上筒盖2,然后将筒翻转来,倒插入矿浆中,使其没至筒箍3处,并利用压条4将筒盖

打开，同时，用秒表准确记录空气至一定容积（达到标准线处）所需时间。用下式计算空气单位流量：

$$q_v = \frac{60u}{st}$$

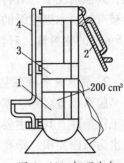

图 4-11 柯西洛夫
测量器

式中 q_v——空气单位流量，$L/(min \cdot cm^2)$；

　　　u——测量管中充气容积，L；

　　　s——测量管的面积，cm^2；

　　　t——充气时间，s。

测量充气量时，应测若干个点取平均值，并折算成单位充气量。

第六节　脱水设备工艺效果检查与评定

一、评定方法

将产品的外在水分和产品的固体产率作为评定脱水设备工艺效果的主要指标，将脱水率作为辅助评定指标。

产品的外在水分：按照 GB/T 211—2007 中测定外在水分的方法执行测定，同时测定全水分供分析比较。

产品的固体产率：产品的固体产率（Y_s）为产品中固体质量占入料中固体质量的百分率。计算公式为

$$Y_s = \frac{b(a-c)}{a(b-c)} \times 100 \qquad (4-35)$$

式中　a——入料中固体质量百分率，%；

　　　b——产品中固体质量百分率，%；

　　　c——煤泥水（视脱水设备可称为筛下水、离心液、滤液等）中固体质量百分率，%。

a、b、c 取小数点后两位，Y_s、Y_w 取小数点后一位。

脱水率：脱水率（Y_w）为脱除的水量占入料水量的百分率。计算公式为

$$Y_w = \frac{(b-a)(100-c)}{(b-c)(100-a)} \times 100 \qquad (4-36)$$

二、相关数据记录

1. 入料的性质

脱水物料的名称、煤种、粒度组成、灰分。设备鉴定时，应实际测定入料的粒度组成；其他情况下，对特定的煤质，可根据统计资料的平均值，记录能被有效脱水粒级和不能被有效脱水细粒级的产率和灰分，对粒度大于 0.5 mm 物料的脱水，记录其中粒度小于 0.5 mm 的物料量；对粒度小于 0.5 mm 物料的脱水，记录其中粒度小于 0.075 mm 的物料量。

2. 脱水设备特征描述

脱水设备名称、型号、脱水原理、能有效脱除水分的粒度范围、额定处理能力、要求的工作条件及其他主要技术参数。设备其他主要技术参数因设备种类而异，例如：振动筛脱水为筛面面积、筛孔尺寸、开孔率、频率和振幅；离心机脱水为筛篮直径、转速、筛篮孔径和开孔率；真空（加压）过滤机脱水为过滤面积、滤布网目数、真空度（压力）范围；压滤机脱水为压滤面积、滤室厚度、入料压力和隔膜挤压压力范围；脱水斗式提升机为斗宽、斗孔尺寸、速度、倾角、脱水长度。

3. 实际运行参数

参照脱水设备特征描述的内容，记录脱水设备的实际运行参数。

三、评定报告

将记录及计算的主要数据整理成报告，主要数据和评定结果填入表 4-21。同类脱水设备在同比条件下，产品外在水分越低、固体产率和脱水率越高，脱水设备工艺效果越好。

表4-21　脱水设备工艺效果评定结果

设备特征	设备名称		型号		
	额定处理能力/$(t \cdot h^{-1})$		其他		
入料性质	脱水物料名称		粒 度 组 成		
	粒度范围/mm		粒级/mm	产率/%	灰分 A_d/%
	煤种		<0.5（入料>0.5 mm 时）		
	其他		<0.075（入料<0.5 mm 时）		
运行条件	实际处理能力/$(t \cdot h^{-1})$				
	其他：				
脱水效果	项目	入料	产 品		煤泥水
	粒度范围/mm				
	固体质量百分率/%				
	灰分 A_d/%				

表 4-21（续）

	项目		入料	产品	煤泥水
脱水效果	水分	$M_{ad}/\%$			
		$M_f/\%$			
		$M_t/\%$			
评定指标	产品外在水分 $M_t/\%$				
	固体产率 $Y_s/\%$				
	脱水率 $Y_w/\%$				
结论					

第七节 水力分级和浓缩设备工艺效果检查与评定

一、水力分级设备工艺效果检查与评定

（一）评定方法

1. 水力分级设备工艺效果的评定指标

采用三项指标：分级效率、平均分配误差和通过粒度。

1）分级效率

分级效率计算公式为

$$\eta = E_c + E_f - 100 \tag{4-37}$$

$$E_c = \frac{\gamma_u u_c}{F_{c.\gamma}} \times 100 \tag{4-38}$$

$$E_f = \frac{100 F_{f.\gamma} - \gamma_u u_f}{F_{f.\gamma}} \tag{4-39}$$

式中　　η——分级效率,%；

E_c——粗粒物正配效率,%；

E_f——细粒物正配效率,%；

γ_u——底流产物产率,%；

u_c——底流产物粗粒物含量（占本级）,%；

$F_{c.\gamma}$——计算入料中粗粒物含量,%；

$F_{f.\gamma}$——计算入料中细粒物含量,%；

u_f——底流产物中细粒物含量（占本级）,%。

u_c 和 u_f 可由底流产物粒度特性曲线查得，$F_{c.\gamma}$ 和 $F_{f.\gamma}$ 则由计算入料粒度特性曲线查得。

计算分级效率时，用规定粒度划分粗粒物和细粒物。

计算斗子捞坑的入料和底流物的数量百分数时，应扣除其中大于 3 mm 的部分。

2）平均分配误差

平均分配误差计算公式为

$$PE_m = \frac{PE_u + PE_L}{2} \qquad (4-40)$$

$$PE_u = \frac{S_{75}}{S_p} \qquad (4-41)$$

$$PE_L = \frac{S_p}{S_{25}} \qquad (4-42)$$

式中　PE_m——平均分配误差；

　　　PE_u——上分配误差；

　　　PE_L——下分配误差；

　　　S_{75}——分配曲线上对应于分配率为 75% 的粒度值；

　　　S_p——分配粒度，即分配曲线上对应于分配率为 50% 的粒度值；

　　　S_{25}——分配曲线上对应于分配率为 25% 的粒度值。

S_{75}、S_p 和 S_{25} 均由分配曲线上查得。当分配曲线很不规整，无法同时求得 S_{75} 和 S_{25} 时，则可由 PE_u 或 PE_L 代替 PE_m。

3）通过粒度

通过粒度 S_{95} 以溢流物中 95% 的量通过标准筛筛孔的大小来表示，单位为 mm。

2. 指标应用原则

当评定水力分级设备（设施）工艺效果时用分级效率；当对新研制设备做技术鉴定，对新投产设备做验收或重要的生产技术检查时，应同时使用分级效率和平均分配误差，并以通过粒度为辅助评定指标。

3. 指标的计算

产物产率应尽可能由计量法测定，当计量有困难时，则按格氏公式法计算。

$$\gamma_u = \frac{\sum\limits_{i=1}^{N} (G_{fi} - G_{oi})(G_{ui} - G_{oi})}{\sum\limits_{i=1}^{N} (G_{ui} - G_{oi})^2} \times 100 \qquad (4-43)$$

$$\gamma_o = 100 - \gamma_u \qquad (4-44)$$

式中　G_{fi}——实际入料中第 i 个粒度级的产率，%；

G_{ui}——底流物中第 i 个粒度级的产率,%;

G_{oi}——溢流物中第 i 个粒度级的产率,%;

γ_u——底流物的产率,%;

γ_o——溢流物的产率,%。

评定指标的数值修约到小数点后两位。

4. 数据检验(均方差检验)

获得产物产率后,应用均方差检验,均方差小于3.0为合格。

均方差计算公式见式(4-14)。

(二)曲线绘制

1. 粒度特性曲线

绘制实测入料、计算入料和各分级产物的由细至粗的累计粒度特性曲线。

2. 粒度分配曲线

一般仅绘制底流产物分配曲线。

分配率的计算公式:

$$\varepsilon_i = \frac{U_i}{F_i} \times 100 \qquad (4-45)$$

式中　ε_i——第 i 粒级在底流中的分配率,%;

U_i——第 i 粒级在底流中的分配量(占入料),%;

F_i——第 i 粒级在计算入料中的含量,%。

(三)表格填写

评定结果应填入水力分级设备工艺性能评定报告表,其格式见表4-22,格氏法产率计算表见表4-23。

表4-22 水力分级设备工艺性能评定报告表

试验编号		试验地点		试验日期	年　月　日
分级设备技术特征		入料特性指标		评定指标和计算参数	
设备名称		入料名称		分级效率(η)/%	
型号规格		入料浓度/(g·L^{-1})			
处理能力	m³/(h·m²)	入料量(Q)/(m³·h^{-1})		平均分配误差(PE_m)	
	t/(h·m²)	入料灰分(A_d)/%		通过粒度(S_{95})/mm	
有效面积/m²		底流产率(γ_u)/%		分配粒度(S_p)/mm	
		溢流产率(γ_o)/%		规定粒度(S_d)/mm	
其他条件					

表4-23 格氏法产率计算表

粒级/mm	实测入料产率 (G_f)/%	底流产率 (G_u)/%	溢流产率 (G_o)/%	$G_{fi} - G_{oi}$	$G_{ui} - G_{oi}$	$(G_{ui} - G_{oi})^2$	$(G_{fi} - G_{oi}) \times (G_{ui} - G_{oi})$
+0.500							
0.500~0.250							
0.250~0.125							
0.125~0.075							
0.075~0.045							
<0.045							
合计							

（四）水力分级设备工艺性能计算实例

某选煤厂圆锥分级沉淀池检查资料见表4-24，要求计算其分级效率、分配误差 PE_m 和通过粒度。

表4-24 实测入料和产物粒度组成

指标 粒级/mm	实测入料		底 流		溢 流	
	产率/%	累计产率/%	产率/%	累计产率/%	产率/%	累计产率%
+0.500	13.50	100.00	44.71	100.00	0.00	100.00
0.500~0.250	7.50	86.50	17.03	55.29	1.05	100.00
0.250~0.125	12.15	79.00	10.59	38.26	7.90	98.95
0.125~0.075	7.96	66.85	10.00	27.67	12.18	91.05
0.075~0.045	4.51	58.89	3.53	17.67	5.20	78.87
<0.045	54.38	54.38	14.14	14.14	73.67	73.67
合计	100.00		100.00		100.00	

1. 计算累计产率（表4-25）

表4-25 产 率 计 算 表

粒级/mm	实测入料产率 (G_f)/%	底流产率 (G_u)/%	溢流产率 (G_o)/%	$G_{fi} - G_{oi}$	$G_{ui} - G_{oi}$	$(G_{ui} - G_{oi})^2$	$(G_{fi} - G_{oi}) \times (G_{ui} - G_{oi})$
+0.500	13.50	44.71	0.00	13.50	44.71	1998.98	603.59
0.500~0.250	7.50	17.03	1.05	6.45	15.98	255.36	103.07

表4-25（续）

粒级/mm	实测入料产率 (G_f)/%	底流产率 (G_u)/%	溢流产率 (G_o)/%	$G_{fi} - G_{oi}$	$G_{ui} - G_{oi}$	$(G_{ui} - G_{oi})^2$	$(G_{fi} - G_{oi}) \times (G_{ui} - G_{oi})$
0.250 ~ 0.125	12.15	10.59	7.90	4.25	2.69	7.24	11.43
0.125 ~ 0.075	7.96	10.00	12.18	-4.22	-2.18	4.75	9.20
0.075 ~ 0.045	4.51	3.53	5.20	-0.69	-1.67	2.79	1.15
<0.045	54.38	14.14	73.67	-19.29	-59.53	3543.82	1148.33
合计	100.00	100.00	100.00			5812.94	1876.77

底流产率：$\gamma_u = \dfrac{\sum\limits_{i=1}^{N}(G_{fi} - G_{oi})(G_{ui} - G_{oi})}{\sum\limits_{i=1}^{N}(G_{ui} - G_{oi})^2} \times 100 = \dfrac{1876.77}{5812.94} \times 100 = 32.29(\%)$

溢流产率：　　　　$\gamma_o = 100 - 32.29 = 67.71（\%）$

2. 计算入料粒度组成和分配率（表4-26）

表4-26　计算入料粒度组成和分配率

粒级/mm	几何平均粒度 $\sqrt{S_1 \times S_2}$	实测入料产率 (F)/%	底流产率(G_u)/%		溢流产率(G_o)/%		计算入料产率(F_f)/%		分配率 (ε)/%
			占本级	占入料	占本级	占入料	占本级	累计	
(1)	(2)	(3)	(4)	(5)	(6)	(7)	(8)=(5)+(7)	(9)	$\dfrac{(5)}{(8)} \times 100$
+0.500	0.707	13.50	44.71	14.44	0.00	0.00	14.44	100.00	100.00
0.500 ~ 0.250	0.354	7.50	17.03	5.50	1.05	0.71	6.21	85.56	88.57
0.250 ~ 0.125	0.177	12.15	10.59	3.42	7.90	5.35	8.77	79.35	39.00
0.125 ~ 0.075	0.097	7.96	10.00	3.23	12.18	8.25	11.48	70.58	28.14
0.075 ~ 0.045	0.058	4.51	3.53	1.14	5.20	3.52	4.66	59.10	24.46
<0.045	0.032	54.38	14.14	4.56	73.67	49.88	54.44	54.44	8.38
合计		100.00	100.00	32.29	100.00	67.71	100.00		

注：+0.500 mm级的上限取1.00，<0.045 mm级的下限取0.023 mm。

3. 计算均方差（表4-27）

表4-27 均 方 差 计 算 表

粒级/mm	实测入料产率（F)/%	计算入料产率（F_f)/%	$\Delta = F_f - F$	Δ^2
+0.500	13.50	14.44	0.94	0.88
0.500~0.250	7.50	6.21	-1.29	1.66
0.250~0.125	12.15	8.77	-3.38	11.42
0.125~0.075	7.69	11.48	3.52	12.39
0.075~0.045	4.51	4.66	0.15	0.02
<0.045	54.38	54.44	0.06	0.00
合计				26.37

$$\sigma = \sqrt{\frac{\sum \Delta^2}{N - M + 1}} = \sqrt{\frac{26.37}{6 - 2 + 1}} = 2.30$$

因 σ 小于临界值3.00，故认为合格。

4. 绘制粒度特性曲线和分配曲线

（1）以表4-24中的粒级为横坐标，以入料累计产率、底流累计产率和溢流累计产率为纵坐标，可绘制成实测入料、底流产物和溢流产物的累计粒度特性曲线；以表4-26中的计算入料累计产率为纵坐标，可绘制出计算入料粒度特性曲线。绘制出的累计粒度特性曲线如图4-12所示。

（2）以表4-26中的几何平均粒度为横坐标，以分配率 ε 为纵坐标，绘制底流粒度分配曲线。绘出的分配曲线如图4-13所示。

5. 计算分级效率

确定有关数据：

以规定粒度 $S_d = 0.25$ mm 划分粗粒物和细粒物，由图4-12查得：

$u_f = 38.99$，则 $u_c = 100 - 38.99 = 61.01$；

$F_{f.\gamma} = 79.40$，则 $F_{c.\gamma} = 100 - 79.40 = 20.60$。

粗粒物正配率：$E_c = \dfrac{\gamma_u \times u_c}{F_{c.\gamma}} = \dfrac{32.29 \times 61.01}{20.60} \times 100 = 95.63$

细粒物正配率：$E_f = \dfrac{100F_{f.\gamma} - \gamma_u u_f}{F_{f.\gamma}} = \dfrac{100 \times 79.40 - 32.29 \times 38.99}{79.40} = 84.14$

所以

$$\eta = E_c + E_f - 100 = 79.77$$

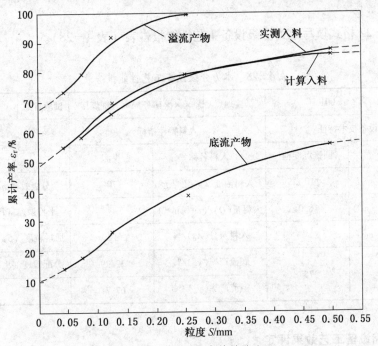

图 4-12 累计粒度特性曲线

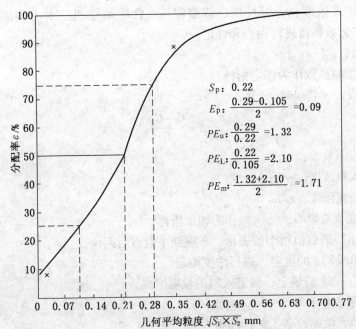

S_p: 0.22

E_p: $\dfrac{0.29-0.105}{2}$ =0.09

PE_u: $\dfrac{0.29}{0.22}$ =1.32

PE_L: $\dfrac{0.22}{0.105}$ =2.10

PE_m: $\dfrac{1.32+2.10}{2}$ =1.71

图 4-13 底流粒度分配曲线

6. 填写表格

按表 4-22 格式填写水力分级设备工艺性能报告表（表 4-28）。

表 4-28　水力分级设备工艺性能报告表

试验编号	001		试验地点	×××矿务局××洗煤厂	试验日期	年　　月　　日	
分级设备技术特征			入料特性指标		评定指标和计算参数		
设备名称	圆锥沉淀池		入料名称	煤泥			
型号规格	$\Phi 10$ m		入料浓度/$(g \cdot L^{-1})$	70	分级效率 η/%		79.77
处理能力	$m^3/(h \cdot m^2)$	18.0	入料量 (Q)/$(m^3 \cdot h^{-1})$		平均误差 (PE_m)		2.50
	$t/(h \cdot m^2)$		入料灰分 (A_d)/%	18	通过粒度 (S_{95})/mm		0.18
有效面积/m^2	75		底流产率 (γ_u)/%	32.29	分配粒度 (S_p)/mm		0.22
			溢流产率 (γ_o)/%	67.71			

二、浓缩设备工艺效果评定

对选煤厂耙式浓缩机、沉淀塔、浓缩漏斗、深锥浓缩机、水力旋流器等同类浓缩（澄清）设备工艺效果需进行检查和评定。

1. 评定方法

（1）采用浓缩系数作为评定指标。

浓缩系数按式（4-46）计算：

$$\Delta = \frac{C - C_0}{C} \tag{4-46}$$

式中　　Δ——浓缩系数；

　　　　C——入料浓度，g/L；

　　　　C_0——溢流浓度，g/L。

（2）采用底流浓度 C_u（g/L）作为辅助指标。

（3）评定指标的数值用小数表示，准确到小数点后两位。

（4）按 MT/T 808 的规定，进行浓度测定。

（5）按 MT/T 58 的规定，测定入料的粒度组成。

2. 评定结果表格填写

评定结果填入浓缩设备工艺性能报告表，见表 4-29。

表4-29　浓缩（澄清）设备工艺性能报告表

采样地点：　　　　　　　　　　　　　　　　　　　　　　　　　　采样时间：

设备名称		设备规格		
入料名称		入料粒度组成		
入料量/(m³·h⁻¹)		粒级/mm	产率/%	灰分 A_d/(%)
入料浓度/(g·L⁻¹)		>500		
溢流浓度/(g·L⁻¹)		500~250		
底流浓度/(g·L⁻¹)		250~125		
水的硬度		125~75		
絮凝剂名称及用量		75~45		
凝聚剂名称及用量		<45		
浓缩系数		合计		
其他条件				

制表人：　　　　　　　　　　　　　　　　　　　　　　　　　　　　时间：

第八节　选煤厂生产工艺流程大检查

选煤厂生产工艺流程大检查是指对选煤过程及各选煤设备的工艺效果进行全面的检查和评定，这项工作在全厂同时进行，一次完成，一般3~5年进行一次。如果条件不允许，也可根据需要分别做分选（包括重介）工艺流程，浮选及煤泥水工艺流程，脱水干燥工艺流程的检查。若设有双系统或多系统的选煤厂，可分别进行各系统工艺流程的检查。生产工艺流程大检查工作量大，过程复杂，需要投入较多的人力和物力，因此，检查前要将检查时间、内容、方法、步骤制订出周密的工作计划，并绘制生产系统大检查流程图，以保证检查工作按照计划有条不紊地进行，以达到预期目的。

检查试验过程中所采取煤样累积时间不少于4 h。采样应在正常的生产和试验条件下进行。采样、制样、试验应严格遵照有关标准及规程进行。

检查试验过程中应详细记录试验时间和生产条件，要计算分选机械和各种设备工艺效果的指标，绘制选煤厂工艺流程图，计算数质量平衡表。

工艺流程大检查的试验项目如下：

一、分选工艺流程的检查

（1）入选原煤、最终产品和中间产品，均应做全级筛分浮沉试验。

（2）对重介工艺流程，除上述项目外，还应做产品中磁性物含量介质密度、磁选机磁选效率的检查。

（3）对不同牌号及可选性相差悬殊的入选原煤，应分别进行检查。

二、浮选及煤泥水工艺流程的检查

（1）测定各浓缩、澄清设备的入料、浓缩物和溢流的固体含量，并做小筛分试验。

（2）测定浮选机入料、总精煤、各室精煤、总尾煤、各室尾煤的固体含量，并做小筛分试验，浮选入料还应做小浮沉试验。

（3）测定浮选各加药点的药剂量，计算其耗油比。

三、脱水干燥工艺流程的检查

（1）测定各精煤脱水设备（脱水筛、离心脱水机、过滤机和火力干燥机等）的入料、脱水产品、分离液（筛下水、离心液、滤液等）的浓度或全水分。

（2）计算精煤中各组成（如块精煤、末精煤、浮选精煤、煤泥脱水筛精煤等）的产率和质量指标（灰分、水分）。

（3）记录当时的操作条件，如温度、水分、风量以及处理量、热效率、燃料消耗、蒸发水量、蒸发强度等。

（4）华北、东北、西北地区脱水干燥工艺流程的检查每年冬季进行一次。

第五章　选煤厂技术管理

选煤技术检查大致可分为日常生产检查、月综合检查、商品煤质量的检查、设备工作效果检查和生产系统大检查几个方面的内容。

第一节　日常生产检查

为了分析生产情况，调节生产，评定各班生产成绩，按规定项目进行的快速检查、班检查和日综合检查统称为日常生产检查。日常生产检查侧重对加工原料煤、中间产物和操作条件进行快速检查，以控制生产指标，指导生产工作。其特点是快速报出检查结果，因此，操作比较简单，允许采用精密度稍低的试验方法，允许用同一原始煤样进行多种试验，但试验仍要有一定的代表性。

日常生产检查包括快速测灰、快速浮沉、测容重、测真密度、测浓度和产品计量等。随工作地点的不同，检查的项目与内容也不相同。由检查所获得的资料和数据作为操作的依据。日常生产检查是生产中很重要的一个组成部分，在技术检查中，这部分工作量最大，而且又是实际生产过程各种生产统计资料的基础，它反映出的生产问题最可靠，指导生产最及时。因此，必须重视日常生产检查资料的整理和统计工作。

一、日常生产检查内容及目的

在日常生产检查中，要求依据国标规定的采制化方法进行快速检查、班检查、日检查、月检查和生产工艺流程检查。利用同一原始煤样进行多种试验所需的试样，允许在不足质量的条件下进行缩分。快速检查应尽可能采用在线测定。

选煤厂日常生产检查的试验项目和要求是根据选煤厂生产工艺流程和各厂的煤质特点、生产特点而制定的，应绘制出生产检查流程图，标明采样点、计量点、试验、分析等项目等，并制定采制化工作细则。

把日常快速检查所采的煤样，按规程缩分出一部分留作班、日、月综合煤样，分别做班、日、月煤样试验分析项目，供分析班、日、月的生产情况。

二、快速检查

快速检查项目、试验用煤样质量及试验间隔时间可根据所在选煤厂的工艺流程和生产情况制定。主要包括原煤、中间产物和各产品的快速浮沉、快速灰分；洗水、煤泥水、循环水的固体含量（克升浓度）和快速灰分；粒级煤的限下率等，参见表 5-1。具体的采样项目和采样频次，各厂可以根据生产情况制定。

表5-1 快速检查试验项目、试验用煤样质量及试验间隔时间

煤样名称		试验项目	试验用煤样质量或者体积	试验时间间隔
入选原料煤		快速浮沉	3~5 kg	2~4 h
重选	精煤	快速浮沉	2 kg	30~40 min
		快速灰分	2 kg	40~60 min
	中煤	快速浮沉	2 kg	1~2 h
	矸石	快速浮沉	3~4 kg	2~4 h
再选原料煤		快速浮沉	4~5 kg	抽查
入仓精煤		快速灰分	3 kg	40~60 min
浮选，煤泥回收筛精煤		快速灰分	2~3 kg	1~2 h
浮选入料尾煤		快速灰分	0.5 kg	2~8 h
洗水		固体含量	1~4 L	抽查
浮选入料		固体含量	1 L	1 h
尾煤水		固体含量	1 L	8 h
浓缩设备入料溢流底流		固体含量	1 L	
煤泥沉淀池入料底流		固体含量灰分	1 L	根据需要测定
粒级煤		限下率	100 kg	

三、班检查

入选原料煤及各种洗选最终产品班积累样灰分测定按国标中有关内容进行。根据需要还可做入选原料煤低于分选密度的上浮物灰分测定和浮选入料、精煤、尾煤班积累样灰分测定。

四、日检查

用加权平均或算术平均方法计算入选原料煤、洗选最终产品和中间产物的灰分；洗水、沉淀池溢流的固体含量；浮选入料和尾煤的固体含量；浮选或煤泥分选机入料、精煤、尾煤的灰分。选煤厂的班、日检查项目见表5-2。

表5-2 选煤厂的班、日检查项目

煤样名称		试验检查项目			子样最小质量或体积	采样最大间隔时间/min	月试验煤样最小质量/kg	备注
		×班	×日	×月				
入厂原料煤			灰分	计算灰分	5 kg	20		含矸率抽查
手选大块煤			灰分	计算灰分	5 kg	20		作最终产品时才进行试验
手选矸石		含煤率	灰分	计算灰分	5 kg	20		检查性试验
筛选厂各类产品		灰分	灰分	筛分试验		20		按粒度
入选原料煤		灰分浮沉	计算灰分	筛分浮沉	5 kg	20	600~800	
洗选精煤	−50 mm	灰分	计算灰分	筛分浮沉	2 kg	20	500	
	−13 mm				1 kg		300	
中煤矸石洗混煤	−50 mm	浮沉灰分	计算灰分	筛分浮沉	2~3 kg	20	500~800	
					3~4 kg			
	−13 mm				1 kg		300	
浮选	入料、尾煤、精煤	灰分	计算	灰分、固体含量灰分	筛分	1 L	30	2	
煤泥回收筛精煤		灰分	计算灰分		2~3 kg	60		
洗水		计算固体含量		计算固体含量	1 L	120		
煤泥沉淀池入料			计算灰分	筛分	1 L	120	2	
煤泥沉淀池溢流			固体含量	计算固体含量	1 L	60		每十天做一次,在生产时间内至少采6 h
煤泥沉淀池煤泥			灰分	计算灰分	1 kg	视销售情况定		每五天做一次

表5-2（续）

煤样名称	试验检查项目			子样最小质量或体积	采样最大间隔时间/min	月试验煤样最小质量/kg	备　注
	×班	×日	×月				
最终精煤、离心脱水机和脱水筛脱水后精煤、浮选精煤、干燥精煤、浮选尾煤过滤机或压滤机滤饼	水分			1 kg	视销售情况定		抽查或冬季每班测定
原煤和中间产物	水分			1 kg	视销售情况定		抽查
尾煤耙式浓缩机溢流、底流		固体含量	筛分	1 L	120	2	
筛下水、滤液、离心液		固体含量	筛分	1 L	120		抽查
选煤厂排放水		固体含量	筛分	1 L			检测频率按生产周期定，生产周期在8 h内的，每2 h采一次；大于8 h的，每4 h采一次；间断性排放水，每次排放均采样

注：生产时间不足1 h时，除精煤外不作班积累样。

五、检查目的

（1）对重选精煤和浮选入料、精煤、尾煤，每小时要测一次快灰，目的是为了严格控制中间产品的质量，以保证最终精煤符合要求。有了浮选的三个快灰指标，再配合对浮选入料、尾煤的浓度和用药量测定指导浮选司机操作。

（2）对入选原料煤，主、再选精煤、中煤、洗矸分别2～8 h和15～30 min测一次快浮，目的是及时指导洗煤司机正确操作。根据快浮和快灰结果，分析产品污染和损失情况。用精煤快浮指标可预估洗精煤的灰分；用中煤快浮指标估计精煤在中煤产品中的绝对损失和矸石对中煤的污染；用洗矸快浮指标估计矸石的排除量（一般应占原料煤含矸量的以上）和精煤、中煤在洗矸中的损失。

（3）洗水浓度应根据需要进行抽查（一般是每小时测定一次）。对跳汰洗煤厂来说，洗水浓度是跳汰机操作的一个重要指标，掌握洗水浓度的变化，一方面可以了解细粒煤泥在循环水中的积存情况；另一方面洗水浓度增高将会使细粒煤的分选效果变坏，因此，应采取使细泥进出平衡的措施，对跳汰机操作进行适当调整，使细粒煤泥进出平衡。

（4）悬浮液的密度一般都用仪器连续测定。重介选煤厂必须经常（或连续）测定重介质分选机的工作介质（合格介质）、稀介质和浓介质的密度，以便根据这些指标调整重介质选煤操作条件，生产出合格的产品。另外，重介质系统添加的磁铁矿粉要计量，以了解重介质选煤生产的介质消耗。

（5）浓缩设备的入料、溢流和底流，浮选入料和尾煤水都应按要求测定浓度。根据以上浓度，判断煤泥水处理系统的运行状况。

（6）最终精煤在装仓前采取试样做快灰测定，预测精煤的灰分，以保证销售精煤质量合格和稳定。

第二节　月综合检查

每月定期完成月综合试验，是生产技术检查的工作之一。选煤厂为了分析、评定、总结每个月的生产情况和主要技术指标完成的情况，制定下一步的工作和生产计划，所进行的一月一次的试验分析称为月综合试验。月综合试验结果需上报有关领导机关，并作为本厂的技术资料存档。

月综合报表一般应包括下列几个方面：

一、选煤厂本月主要技术指标完成情况

（1）精煤产量(t)——说明完成商品煤量情况。

（2）精煤产率、精煤数量效率、中煤中精煤损失率、矸石中精煤损失率(％)——说明回收情况和数量效率高低。

（3）精煤灰分，精煤（商品煤）灰分批合格率、稳定率、精煤水分、离心机产品水分、过滤产品水分(％)——说明精煤质量情况。

（4）全员效率、生产工效率[(t原料煤)/工]——说明劳动生产率高低。

（5）成本[元/(t精煤)]、加工费[元/(t精煤)]、利润(万元)——说明经济效益。

（6）设备完好率（％）、机电事故影响生产时间(次/h)——说明设备情况。

（7）消耗：清水耗[m³/t(原煤)]、电耗[kW·h/t(原料煤)]、药耗[kg/t(入浮干煤泥)]、介耗[kg/t(重介原煤)]——说明辅助材料消耗情况。

（8）煤泥（包括尾煤）出厂量（t）、煤泥（包括尾煤）出厂率(％)——反映在厂内用机械回收煤泥的不完善程度。

（9）损失(％)——反映煤的流失情况。

二、选煤产品平衡表

（1）选煤产品数质量平衡表应按规定格式及内容填写，选煤产品平衡表（参考表 5－

3）计算时应掌握选煤产品数量指标的计算方法及各档次的关系。

表5－3　选煤产品平衡表

品　名	含实际全水分产品		商品产品		折合后平衡量		产率/%	灰分/%
	数量/t	水分/%	数量/t	规定水分/%	数量/t	计量水分/%		
（1）	（2）	（3）	（4）	（5）	（6）	（7）	（8）	（9）
	来自实际产品	来自实际水分	$(2)×\frac{100-(3)}{100-(5)}$	来自产品目录（精煤为计量水分）	$(2)×\frac{100-(3)}{100-(7)}$	精煤水分	$\frac{(5)}{(6)}$栏入选原煤	来自化验结果
入厂毛煤	100000	5.5						
入厂原料煤	96800	5.5			96290	5.0	100.00	
精煤	60220	12.0	55783	5.0	55783	5.0	57.93	
中煤	18242	11.4	18160	11.0	17013	5.0	17.67	
煤泥	5818	25.7	5818	26.0	4550	5.0	4.73	
洗矸	19532	10.2			18463	5.0	19.17	
损失					481	—	0.50	
选矸	3200	5.5						

（2）根据月综合资料，作出本月生产情况分析及建议。

三、月综合试验

为了进一步分析入选原煤及选煤产品质量，查找选精煤损失的原因，要统计入选原煤来源，并对原煤和产品进行粒度、密度组成分析，月综合煤样是由日常检查的班样或日样中缩取和累积起来的。试验操作比较严格，检查项目也比较详细。这一部分内容应包括：

（1）入厂原煤来源表。

（2）入选原煤和选煤最终产品做筛分浮沉试验。筛分做5级试验（50～25 mm、25～13 mm、13～6 mm、6～3 mm、3～0.5 mm 等级），原煤浮沉全级（1.30 kg/dm³、1.40 kg/dm³、1.60 kg/dm³、1.70 kg/dm³、1.80 kg/dm³、2.00 kg/dm³），分选密度左右密度级别为0.05 kg/dm³，产品浮沉做3级试验，每季或半年做一次全级浮沉。试验资料，入选下限为0的入选原煤可选性曲线，有的厂做得更细，把入选下限到0（如50～0.5 mm）和小于0.5 mm 两部分原煤分别绘制原煤可选性曲线，结合选煤产品平衡表中精煤实际产率可以计算分离效率。

（3）浮选入料、浮选精煤、尾煤做小筛分试验（＞0.50 mm、0.50～0.250 mm、0.250～0.125 mm、0.125～0.075 mm、0.075～0.045 mm、＜0.045 mm），浮选机入料每月做一次小浮沉，如尾煤灰分过低也可根据情况及时做小浮沉试验分析原因。

（4）入选原煤和最终精煤中小于0.5 mm做小筛分试验；入选原煤小于0.5 mm级还应做小浮沉试验；中煤、矸石小于0.5 mm级半年做一次小筛分试验。

（5）水洗精煤（来自主、再选及粗煤泥回收的全部水洗产物）的筛分、浮沉试验资料。

（6）每季测精煤数、质量构成（如主选、再选、煤泥回收筛，浮选精煤占最终精煤的百分比和灰分等）。

（7）用算术平均法由日检查中算出洗水的固体含量和灰分。

四、月综合中的其他内容

（1）精煤理论产率、灰分与精煤实际产率、灰分对照表见表5-4。目前许多选煤厂月综合报告中都包括这一表格，它反映选煤厂的数量效率和质量效率。

表5-4　精煤理论产率、灰分与精煤实际产率、灰分对照表

精煤理论产率与实际相同时			精煤理论灰分与实际相同时			数量效率/%	质量效率/%
实际产率/%	实际灰分/%	理论灰分/%	实际产率/%	实际灰分/%	理论产率/%		
79.90	8.44	6.50	79.90	8.44	88.60	90.2	77.0

以表5-4为例，表中理论指标均从可选性曲线中查取。表中所反映出的效率指标是全月生产的综合平均结果，若要评价重选设备工艺效果，则需进行单机检查。

（2）全厂出勤情况统计表，应分车间统计，以便计算劳动效率。

（3）选煤停工时间统计表，应按造成停工的原因分类进行统计，找出停工原因，提出解决措施。

（4）选煤成本表，包括分离前成本、分离后成本及实现利润情况，具体计算方法可参考有关书籍。

（5）本月生产情况分析及意见，提出下月生产建议。

另外，月综合报告中还应附上原煤可选性曲线。

月综合结果中所包括的入厂原煤及产品试验分析是原煤及代表各作业产品的混合物的分析结果，依靠这些统计资料能够发现和分析一些日常生产中存在的问题，并提出改进生产的措施。同时月综合结果是一个月内不同的生产操作条件下的综合结果，所显示的某些问题很难确切指出是在哪种操作条件下造成的，而且月综合试验项目多、时间长，数据处

理工作量大，报出结果往往不及时。尽管如此，目前尚没有更好的办法取而代之，而且选煤生产要发展，技术要进步，就必须不断地总结经验，月综合结果是选煤生产的重要技术资料之一。因此，要积极采用先进的检测技术，大力推广计算机在选煤厂生产控制和数据处理中的应用，同时注重检查主要工艺设备的工艺效果，与月综合结果一起综合评定选煤生产。

第三节　商品煤的数、质量检查及其指标

一、商品煤的数、质量检查

为了保证选煤厂发运的商品煤批批合格，与用户正确结算煤价，必须加强商品煤的质量检查，掌握销售煤数量和质量。销售煤灰分、水分、发热量、计量是与用户结算的依据。

商品煤必须在采样的同时计量，计量的结果作为商品煤计算产量的基础；质量检查的结果作为供销双方的结算依据。对商品煤质量检查的主要内容有：

（1）发运的煤炭必须符合用户订货的要求，其中包括产品的灰分、硫分、水分、发热量、挥发分、粒度等各种质量等级指标均应符合规定。

（2）未经质量检查的商品煤不得向外发运。

（3）要发运的产品，不许装入不符合要求的运输工具。

二、商品煤质量指标

商品煤质量指标是遵循《煤炭质量数量管理规程》的有关规定和坚持数量质量统一的原则而编制、计算的。商品煤数量是指企业出售的各种煤炭的数量，包括自用煤和地销煤；商品煤质量是根据国际规定采样测定计算的。凡商品煤都应计算质量指标。全月商品煤质量指标为每批商品煤质量指标的加权平均值。各项质量指标的计算如下：

（一）商品煤灰分

通常是在煤流中或火车上采样，一般按煤种以 1000 t 作为一批，测定灰分进行计算。其计算见式（5-1）：

$$商品煤灰分（\%）= \frac{\sum（每批采样的灰分 \times 所代表的商品煤量）}{\sum 每批采样所代表的商品煤量} \times 100\% \tag{5-1}$$

$$= \frac{商品煤灰分量}{商品煤量} \times 100\%$$

（二）商品煤全水分

商品煤全水分是按规定水分计算商品煤量的依据，也是商品煤的计价条件之一。其计

算见式（5-2）：

$$商品煤全水分（\%）= \frac{\sum（每批化验的全水分 \times 所代表的商品煤量）}{\sum 每批化验所代表的商品煤量} \times 100\%$$

$$= \frac{商品煤全水分量}{商品煤量} \times 100\% \tag{5-2}$$

（三）商品煤合格品率

商品煤合格品率是指每批商品煤质量（包括灰分、全水分等）合乎"产品目录"中规定允许范围的合格产品质量占全部商品煤量的百分比。其计算见式（5-3）：

$$商品煤合格品率（\%）= \frac{每批商品煤合格品的数量之和}{商品煤总量} \times 100\%$$

$$\tag{5-3}$$

（四）商品煤全硫分

通常对商品煤月综合煤样进行测定求得，有条件的可测定每批商品煤全硫含量进行计算。其计算见式（5-4）：

$$商品煤全硫分（\%）= \frac{\sum（每批商品煤全硫 \times 所代表的商品煤量）}{\sum 每批采样所代表的商品煤量} \times 100\%$$

$$= \frac{商品煤全硫分量}{商品煤量} \times 100\% \tag{5-4}$$

（五）商品煤发热量

对动力煤发热量计价的单位要测定每批商品煤发热量进行计算。其计算见式（5-5）：

$$商品煤发热量（MJ/kg）= \frac{\sum（每批商品煤发热量 \times 所代表的商品煤量）}{\sum 每批采样所代表的商品煤量} \times 100\%$$

$$= \frac{商品煤发热量}{商品煤量} \times 100\% \tag{5-5}$$

第四节　选煤厂主要技术经济指标

一、选煤产品产率（原称"洗煤回收率"）

$$选煤产品产率（\%）= \frac{选出产品数量（t）}{入选原煤数量（t）} \times 100\% \tag{5-6}$$

二、数量效率

指产品的实际产率与产品实际灰分相对应的理论产率的百分比，其计算见式（5－7）：

$$数量效率(\%)=\frac{产品实际产率(\%)}{产品理论产率(\%)}\times100\% \tag{5-7}$$

对炼焦煤选煤厂只计算冶炼精煤的数量效率；对动力煤选煤厂只计算粒级煤数量效率。设浮选的选煤厂其理论产率必须计算到 0 mm，小于 0.5 mm 煤泥用小浮沉资料计算理论产率；未设浮选的选煤厂以实际入选粒度范围计算理论产率。

三、质量效率

指产品实际产率相对应的理论灰分与产品实际灰分之百分比，其计算见式（5－8）：

$$质量效率(\%)=\frac{产品理论灰分(\%)}{产品实际灰分(\%)}\times100\% \tag{5-8}$$

式中理论灰分按报告上实际产品产率由可选性曲线求得。

四、全厂小时处理能力

全厂小时处理能力指全厂每小时加工处理的入选原煤折合后数量。

五、选煤厂月生产小时数

选煤厂月生产小时数是指各班生产小时数的总和。

六、矸石中精煤损失率

$$矸石中精煤损失率(\%)=\frac{矸石中上浮的精煤数量(kg)}{浮沉试验的矸石样总量(kg)}\times100\%$$

七、精煤灰分批合格率

指按批检查的精煤商品煤样灰分，等于或小于"产品目录"规定上限指标大于 0.5%的批数占化验总批数的百分比，其计算见式（5－9）：

$$精煤灰分批合格率(\%)=\frac{合格批数(批)}{化验总批数(批)}\times100\% \tag{5-9}$$

八、浮选精煤产率

$$浮选精煤产率(\%) = \frac{尾矿灰分 - 入浮煤泥灰分}{尾矿灰分 - 浮选精煤灰分} \times 100\%$$

九、浮选油耗

指浮选加工每吨干煤泥耗用的油量，其计算见式（5-10）：

$$浮选油耗(kg/t) = \frac{浮选用油总量(kg)}{入浮选机干煤泥量(t)} \qquad (5-10)$$

浮选用油总量包括因管理不善而损失的油量，但不包括用于其他方面的油量。

十、捕收剂单耗

指浮选加工每吨干煤泥耗用的捕收剂数量，其计算见式（5-11）：

$$捕收剂单耗(kg/t) = \frac{捕收剂消耗总量(kg)}{入浮选机干煤泥量(t)} \qquad (5-11)$$

十一、用水单耗

$$用水单耗(m^3/t) = \frac{选煤消耗清水量(m^3)}{入选原煤量(t)}$$

选煤消耗清水量指自用水源、井下排出水及自来水厂供给的补充清水，不包括循环水和生活用水。

十二、选煤电力单耗

$$选煤电力单耗(kW \cdot h/t) = \frac{选煤生产过程耗电量(kW \cdot h)}{入选原煤量(t)}$$

选煤生产过程耗电量是按电业部门结算的电量计算。生产过程用电不包括选煤厂向外转供电量，以及与选煤生产无直接关系的各种用电量（如居民生活用电、基建工程用电、文化福利设施用电等）。

十三、介质单耗

指重介选煤厂（或车间）处理每吨原料煤耗用的介质量，其计算见式（5-12）：

$$介质单耗(kg/t) = \frac{介质消耗总量(kg)}{入选原煤量(t)} \qquad (5-12)$$

介质消耗总量包括管理损失。

十四、选煤全员效率

$$选煤全员效率(t/工)=\frac{入选原煤量(t)}{选煤厂全部生产人员出勤工数(工)}$$

选煤全员效率人员计算范围：

（1）矿区或群矿选煤厂：包括从受煤系统到产品装仓的全部工作人员以及机电维修、采制化人员，选煤厂的全部行政工作人员。不包括铁路运输、机修厂（或车间）以及非生产性的学校、幼儿园、招待所、食堂、服务公司等工作人员。

（2）矿井选煤厂：包括从准备车间（无准备车间从原煤入厂皮带机头算起）到产品装仓上部的全部工作人员及机电设备维修、采制化人员，选煤厂的全部行政工作人员。不包括铁路、装车、为矿井（露天）服务的储煤场工作人员以及非生产性的幼儿园、服务公司工作人员等。

十五、选煤生产工效率

$$选煤生产工效率(t/工)=\frac{入选原煤量(t)}{选煤厂生产工人出勤工数(工)}$$

选煤厂生产工人是指选煤过程的全部工艺系统内各车间的直接生产工人（不论是否在籍），并包括当班技术检查及机电维修工人。

十六、选煤应得利润

指选煤过程中应该得到的利润，其计算见式（5-13）：

选煤应得利润(万元)=选煤应得总收入-（原料煤费用+加工费用+应缴税金）

$$(5-13)$$

选煤应得总收入包括优质产品加价收入、超计划入选所得产品的加价收入、产品议价收入、矸石和煤泥等对外销售收入、营业外收入。

第五节 选煤技术检查计划的制定

制定严密、科学的技术检查计划是选煤厂获取生产技术信息的保证，能使技术检查工作切实起到监督、检查、指导生产的作用。

编制技术检查计划的原则：

技术检查计划是依据选煤厂工艺流程、煤质特征和生产特征制定的。

（1）首先明确检查的目的，并选定评价的指标。一般来说，检查目的明确了，检查的范围和工作量大体上也就确定了。根据检查目的，确定应采取哪些试样，怎么采样，进行哪些试验和分析；要计算哪些指标；基础数据是什么等一系列问题。不必要的试样和试验会带来浪费，试样、检查项目不全会使试验结果无法分析，达不到检查目的。

（2）其次采样是技术检查的基础，采样方案的制定是检查中的重要组成部分。煤样的总量、子样最小质量和采样方法、采样点位置、采样间隔时间等都会直接影响所采煤样的代表性。

为了采到具有代表性且容易采样和保证采样的安全，采样点应该设置在煤质和批量相对比较稳定、物料偏析小的地点。根据化验项目对煤样的要求，确定所采煤样的总量和子样最小质量，各采样点尽量同时进行，采样间隔时间根据煤质变化特征和试样总量确定。所采用的采样方案必须能保证所采煤样的代表性。

（3）在进行试验的同时，必须测定数据和记录与生产、设备等有关的影响因素条件，以作为技术检查提出分析意见的依据，测定和记录的内容应该包括所用工艺、现场作业状况、设备状况、煤质特征、操作人员等。

（4）根据数量、质量平衡的原则，确定技术检查的采样点、计量点、流程和试验分析项目，计算出数量、质量指标。

数量、质量平衡原则是选煤生产过程各产物遵循的原则。对任意作业来说，进入作业的各种物料的数量、质量的总和与作业排出的各种物料的数量、质量总和相等。用数量、质量平衡原则计算各产物的数量、质量指标，可以节省大量直接计算的工作量，但是计算结果是否正确，还要进行仔细核对。

在遇到物料加工前后某些性质有变化（如泥化、离析现象），用数量、质量平衡原则计算产物数量指标有困难时，就应采用直接计量方法。另外需得知处理和产量指标时，必须用直接计量方法测准某一产物的绝对量，然后再通过数量、质量平衡关系换算出其他产物的量。

（5）除日常生产检查外，必须抓住生产中存在的主要问题，有重点地对一些设备、工艺过程进行定期检查、及时检查。当发现问题，及时解决，使技术检查工作在实际生产中切实起到捕捉生产变化信息从而保证效率生产的作用。

（6）在能够获得完整的、有价值的技术检查结果的前提下，应尽可能减少技术检查工作的工作量，节省人力、物力，提高选煤厂劳动效率。

第六节　选煤技术检查资料的整理和计算

选煤技术检查是选煤厂获取生产技术信息的主要渠道，也是选煤厂获得原煤和产品质量信息的唯一渠道。这些信息是从大量的技术检查资料整理和分析得来的，所以加强技术检查资料的整理和计算，为生产提供可靠的信息，是技术检查部门的一项重要的工作。

一、技术检查资料的整理

（1）依照有关国家标准和行业标准或规程，对原始数据进行核对，检查试验结果是否超过规定的误差，对超过误差的数据一律舍去，该重新做试验的必须重做。

（2）各类试验分析数据按标准规定进行计算，计算结果按要求进行修改，各类试验结果取值位数见表5-5。

（3）对可疑数据，通过生产实践调查和对试验条件研究，与历史资料相对照，并运用数理统计方法决定取舍，在确认资料有代表性后再进行有关计算。

二、技术检查资料的计算

对于数量、产率等指标应尽可能采用计量方法获得，在计量有困难或误差较大时，可以采取计算的方法。质量指标如灰分、水分、浓度等均采用试验方法获得。在数据充足情况下，实测值和计算值可以相互验算、校核。

表5-5 各类试验结果取值位数

试 验 项 目		符号	单位	计算值	报告值
筛分试验	各级产物产率			小数点后两位	
	各级产物灰分				
煤粉筛分试验	各级产物产率			小数点后一位	小数点后一位
	各级产物灰分				
浮沉试验	各密度级产物产率			小数点后两位	
	各密度级产物灰分				
煤粉浮沉试验	各密度级产物产率			小数点后两位	小数点后一位
	各密度级产物灰分			小数点后两位	
快速浮沉试验	各密度级产物产率		%	小数点后一位	
小浮沉试验	产率				
	灰分				
设备工艺效果评定	筛分设备	筛分效率	η	小数点后两位	
		平均分配误差	PE_m		
		总错配物含量	m_0		
	破碎设备	破碎效率	η_p	小数点后一位	

表 5-5（续）

试 验 项 目		符号	单位	计算值	报告值
设备工艺效果评定	破碎设备 细粒增量	Δ		小数点后一位	
	浓缩设备 浓缩效率	η_n		小数点后两位	
	浓缩设备 低流固体回收率	ε_D			
	脱水设备 脱水效率	η_t			
	脱水设备 产品水分	M_t	%		
	磁选设备 磁选效率	η_{ms}		小数点后三位	小数点后两位
	磁选设备 磁性物回收率	ε_c			
	浮选设备 浮选精煤数量指标	η_{if}		小数点后两位	
	浮选设备 浮选完善指标	η_{wf}			
	水力分级设备 分级效率	η			
	水力分级设备 平均分配误差	PE_m			
	水力分级设备 通过粒度	S_{95}	mm		
	重选设备 可能偏差或不完善度	E	kg/L	视数据精度和运算精度	
	重选设备 可能偏差或不完善度	I		小数点后两位或三位	
	重选设备 数量效率	η_1	%	小数点后两位	
	总错配物含量	m_0			

数量、质量平衡原则是技术检查资料计算的依据。任何一个作业，进入该作业各物料的数量、质量总和应同该作业排除物料的数量、质量总和相等。不论是煤量、水量、产率，还是灰分量、磁铁粉量等，都是这样。应该注意的是，必须是同一基础的量才可以进行计算，对数量必须是同一计量单位，产率必须是指对同一产品，在换算成同一基础的量后，量和产率可直接相加。灰分、水分等指标采用加权平均方法计算。

三、产品产率的计算

产品产率尽可能采用计量法测定后计算，当计量有困难时，也可以采用计算的方法获得。产品产率的计算方法一般有如下几种：

1. 一般算法

计算产品产率可表达为最优化问题，即

目标函数：
$$\sum_{j=1}^{N}\left(G_{0j} - \sum_{i=1}^{M}\gamma_i G_{ij}/100\right)^2 = \min$$

约束条件：
$$\sum_{i=1}^{M} \gamma_i^2 = 100$$

式中 M——产品数目；

       N——对入料和产品所做筛分或浮沉试验的粒度等级数或密度级数；

       G_{0j}——实际入料中第 j 个粒度级或密度级的产率，%；

       G_{ij}——第 i 种产品中第 j 个粒度级或密度级占该产品的产率，%；

       γ_i——第 i 种产品的产率，%。

其中产品的顺序号按粒度或灰分自小到大排列，$i = 1$ 代表最大筛上产品或精煤，$i = M$ 代表最小筛下产品或矸石，其余代表中间产品。

采用拉格朗日乘子法，可将目标函数和约束条件化为一个无约束的最优化问题：

$$\sum_{j=1}^{N} \left(G_{0j} - \sum_{i=1}^{M} \gamma_i G_{ij}/100 \right)^2 + \lambda \left(\sum_{i=1}^{M} \gamma_i - 100 \right) = \min \qquad (5-14)$$

式中 λ——拉格朗日乘子。

引进未知数的向量表达式

$$X = \left(\frac{\gamma_1}{100}, \frac{\gamma_2}{100}, \cdots, \frac{\gamma_M}{100}, \frac{\lambda}{2} \right) \qquad (5-15)$$

将式（5-14）左右端分别对向量 X 的诸元素求偏导数令其为零，则得到一个 $M+1$ 阶的线性方程组，其矩阵表达式为 $AX = B$。

式中，系数阵 A 的诸元素为

$$a_{ki} = \begin{cases} 0 & (k = M+1 \text{ 且 } i = M+1) \\ 1 & (1 \leqslant k \leqslant M \text{ 且 } i = M+1 \text{ 且 } 1 \leqslant i \leqslant M) \\ \sum G_{kj} G_{ij} & (1 \leqslant k \leqslant M \text{ 且 } 1 \leqslant i \leqslant M) \end{cases} \qquad (5-16)$$

右端向量 B 的诸元素为

$$b_k = \begin{cases} 1 & (k = M+1) \\ \sum_{j=1}^{N} G_{ki} & (1 \leqslant i \leqslant M) \end{cases} \qquad (5-17)$$

从方程 $AX = B$ 解出 X，将其中前 M 个元素代入式（5-15）右端各对应元素，即可得到产品的产率 γ_i（$i = 1, 2, \cdots, M$）。

以上所述一般算法，适用于编成电子计算机程序求解。

2. 两产品筛分或分选

对于两产品筛分或分选（即 $M = 2$），最优化问题目标函数和约束条件的解为

$$\gamma_1 = \frac{g_{01}}{g_{11}} \times 100 \qquad (5-18)$$

$$\gamma_2 = 100 - \gamma_1 \qquad\qquad (5-19)$$

$$g_{01} = \sum_{j=1}^{N} (G_{0j} - G_{2j})(G_{1j} - G_{2j})$$

$$g_{11} = \sum_{j=1}^{N} (G_{1j} - G_{2j})^2$$

3. 三产品筛分或者分选

对于三产品筛分或分选（即 $M=3$），最优化问题目标函数和约束条件的解为

$$\gamma_1 = \frac{g_{01}g_{22} - g_{02}g_{12}}{g_{11}g_{22} - g_{12}g_{12}} \times 100$$

$$\gamma_2 = \frac{g_{01}g_{11} - g_{01}g_{12}}{g_{11}g_{22} - g_{12}g_{12}} \times 100$$

$$\gamma_3 = 100 - \gamma_1 - \gamma_2$$

式中，g_{01}、g_{11}、g_{02}、g_{12} 和 g_{22} 分别为

$$g_{01} = \sum_{j=1}^{N} (G_{0j} - G_{3j})(G_{1j} - G_{3j})$$

$$g_{11} = \sum_{j=1}^{N} (G_{0j} - G_{3j})^2$$

$$g_{02} = \sum_{j=1}^{N} (G_{0j} - G_{3j})(G_{2j} - G_{3j})$$

$$g_{12} = \sum_{j=1}^{N} (G_{1j} - G_{3j})(G_{2j} - G_{3j})$$

$$g_{22} = \sum_{j=1}^{N} (G_{2j} - G_{3j})^2$$

第六章 培训与管理

第一节 培训指导

一、培训的意义及特点

培训指各个组织为适应业务及培育人才的需要，用补习、进修、考察等方式对员工进行有计划地培养和训练，使其适应新的要求不断更新知识，拥有更强的工作能力，更能胜任现职工作及将来能担当更重要职务。

现代培训指导是让员工通过学习在知识、技能、态度上不断提高，最大限度地使员工的职能与现任或预期的职务相匹配，进而提高员工现在和将来的工作绩效。优秀的培训工作需要完整的培训方案，如何设计企业有效的培训方案，自然成为企业研究的重点。

1. 培训指导的实践性特点

在培训过程中，必须坚持理论和实践相结合，突出动手操作能力的训练，理论知识教学为技能教学服务，在培训教学活动中应给受训人员更多直接动手参与操作的机会。

2. 培训教学培养目标的确定性特点

培训教学培养目标的确定性特点体现着实用、实际和实效三方面。职业培训的培养目标不仅是明确的、确定的，也是必须达到的，企业缺少什么样的人才培养什么样人才，员工缺少什么知识技能就学什么知识技能。

3. 培训与生产实际相结合的特点

培训教学紧紧围绕生产实际，既能培养专业人才，又能创造产品和价值。

4. 培训教学形式的灵活性特点

在教学形式上不受某种固定模式限制，可根据职业标准的要求采取多种形式的教学手段和教学方法。

二、员工培训方案设计

(一) 培训需求

1. 培训需求调查

指的是广泛地收集和听取各方关于企业培训工作意见和建议的一个过程。针对不同部门不同级别的企业员工，在收集其培训需求的过程中，结合企业往年的培训安排和效果以及企业发展的中短期阶段目标，对各个部门的需求进行分门归类，以便为制订年度培训计划参考。

2. 培训需求分析

根据培训需求调查进行需求分析，根据需求来指导培训方案的制定，要有的放矢，不能单纯地为培训而培训。培训需求分析是从多方面来进行，包括组织、工作、个人三个方面。

首先，进行组织分析。组织分析指确定组织范围内的培训需求，以保证培训计划符合组织的整体目标与战略要求。根据组织的运行计划和远景规划，预测本组织未来在技术上及组织结构上可能发生什么变化，了解现有员工的能力并推测未来需要哪些知识和技能，从而估计出哪些员工需要在哪些方面进行培训，以及这种培训真正见效所需的时间，以推测出培训提前期的长短，不致临渴掘井。

其次，进行工作分析。工作分析指分析员工达到理想的工作绩效所必须掌握的技能和能力。

最后，进行个人分析。个人分析是将员工现有的水平与预期未来对员工技能的要求进行比较，发现两者之间是否存在差距；研究工作者本人的工作行为是与期望行为标准之间的差异，当工作要求大于能力时，则需要进行培训，通过提高能力，达到员工的"职能"一致。

（二）培训方案各组成要素分析

培训方案是培训目标、培训内容、培训老师、受训者、培训时间、培训场所与设备以及培训方法的有机结合。培训需求分析是培训方案设计的指南，一份详尽的培训需求分析就大致勾画出培训方案的大概轮廓。

1. 培训目标的设置

培训目标的设置有赖于培训需求分析，通过分析我们明确了解员工未来需要从事某个岗位，若要从事这个岗位，现有员工的职能和预期职务之间存在一定的差距，消除这个差距就是培训目标。有了目标，才能确定培训对象、内容、时间、教师、方法等具体内容，并可在培训之后，对照目标进行效果评估。培训目标是宏观上的、抽象的，它需要员工通过培训掌握一些知识和技能，即希望员工通过培训后了解什么，够干什么，有哪些改变？

培训目标是培训方案的导航灯。有了明确的培训总体目标和各层次的具体目标，对于培训指导者来说，就确定了施教计划，积极为实现目的而教学；对于受训者来说，明了学习目的之所在，才能少走弯路，朝着既定的目标而不懈努力，达到事半功倍的效果。相反，如果目标不明确，则易造成指导者、受训者偏离培训的期望，造成人力、物力的浪费，提高了培训成本，并可能导致培训的失败。培训目标与培训方案其他因素是有机结合的，只有明确了目标，才能科学设计培训方案其他的各个部分。

2. 培训内容的选择

在明确培训目标后，接下来就需要确定培训内容，尽管具体的培训内容千差万别，但一般来说，培训内容包括三个层次，即知识、技能和素质培训，应根据各个培训内容层次的特点和培训需求分析来选择。

知识培训，这是组织培训中的第一个层次。员工只要听一次讲座，或看一本书，就可能获得相应的知识。知识培训有利于理解概念，增强对新环境的适应能力，减少企业引进新技术、新设备、新工艺的障碍。同时，要系统掌握一门专业知识，则必须进行系统的知识培训，如要成为综合型人才，知识培训是其必要途径。虽然知识培训简单易行，但容易忘记，组织仅停留在知识培训层次上，效果不好是可以预见的。

技能培训，这是组织培训的第二个层次。技能一旦学会，一般不容易忘记。招收新员工，采用新设备，引进新技术都不可避免要进行技能培训，因为抽象的知识培训不能立即适应具体的操作。

素质培训，这是组织培训的最高层次。素质高的员工应该有正确的价值观，有积极的态度，有良好的思维习惯，有较高的目标。素质高的员工，可能暂时缺乏知识和技能，但他会为实现目标有效地、主动地学习知识和技能；而素质低的员工，即使掌握了知识和技能，也可能不用。

一般来说，管理者偏向于知识培训与素质培训，而一般职员倾向于知识培训和技能培训，这最终是由受训者的"职能"与预期的"职务"之间的差异决定的。

3. 培训老师

培训老师分内部人员和外部人员，内部人员包括组织的领导、具备特殊知识和技能的员工，外部人员指专业培训人员、学校老师等。选择什么样的培训老师，由培训需求及被培训人员的素质决定。

4. 确定受训者

岗前培训是向新员工介绍组织规章制度、文化以及组织的业务和员工。新员工来到公司，面对一个新环境，他们不太了解组织的历史和文化，运行计划和远景规划，公司的政策，岗位职责，为了使新员工迅速适应环境，企业必须进行岗前培训。

对于即将升迁的员工及转换工作岗位的员工，或者不适应当前岗位的员工，他们的职能与既有的职务或预期的职务出现了差异，职务大于职能，就需要对他们进行培训，可采用在岗前培训或脱产培训。

5. 培训日期的选择

员工培训方案的设计必须做到何时需要何时培训，通常情况下，有下列三种情况之一就应该进行培训。

第一，新员工加盟组织。大多数新员工都要通过培训熟悉组织的工作程序和行为标准。

第二，员工即将晋升或岗位轮换。

第三，由于环境的改变，要求不断地培训老员工。由于多种原因，需要对老员工进行培训。如引进新设备，要求对老员工培训技术；购进新软件，要求培训员工学会安装和使用。为了适应市场需求的变化，组织在不断调整自己的经营策略，每次调整后，都需要对员工进行培训。

6. 培训方法的选择

1）讲授法

讲授法就是讲授者通过语言表达，系统地向受训者传授知识，期望这些受训者能记住其中的重要观念与特定知识。讲授法用于教学时要求：①讲授内容要有科学性，它是保证讲授质量的首要条件；②讲授内容要有系统性，条理清楚，重点突出；③讲授时语言要清晰，生动准确；④必要时应用板书。

讲授法的优点：①有利于受训者系统地接受新知识；②容易掌握和控制学习进度；③有利于加深理解难度大的内容；④可以对很多人进行培训。讲授法的缺点：①讲授内容具有强制性，受训者无权自主选择学习内容；②学习效果易受教师讲授水平的影响；③只是教师讲授，没有反馈；④受训者之间不能讨论，不利于促进理解；⑤学习的知识不易被巩固。

2）演示法

演示法是运用一定的实物和教具，通过实地示范，使受训者明白某种事务是如何完成的。演示法要求：①示范前要准备好所有的用具，搁置整齐；②让每个受训者能够看清示范物；③示范完毕后，让每个受训者试一试；④对每个受训者的试做给予立即的反馈。其优点：①有助于激发受训者的学习兴趣；②可做到看、听、想、问相结合；③有利于获得感性认识，加深所学内容的印象。演示法的缺点：①适用的范围有限，不是所有的内容都能演示；②演示装置移动不方便，不利于教学场所的变更；③演示前需要一定的费用和精力准备。

3）案例法

案例法用于教学有三个基本要求：①内容应该是真实的，不允许虚构。为了保密有关的人名、单位名、地名可以改用假名，称为掩饰，但基本情节不得虚假，有关数字可以乘以某掩饰系数加以放大或缩小，但相互之间比例不能改变；②教学中应包含一定的管理问题，否则便没有学习与研究的价值；③教学案例必须有明确的教学目的，它的编写与使用是为某些既定的教学目的服务的。

案例法的优点：①可提供一个系统的思考模式；②在个案研究过程中，接受培训者可得到另外一些有关管理方面的知识；③作为一个简单方法，有利于受训者参与企业实际问题的解决。案例法的缺点：①每一个案例都是为既定的教学目的服务的，缺乏普遍适用性，不一定与培训目的很好吻合；②案例数量有限，并不能满足每个问题都有相应案例的需求；③案例无论多么真实，但它毕竟是使受训者以当事人的角度去考虑，因而没有也不必承担责任，不可避免地存在失真性。

三、培训方案的评估及完善

培训方案的评估是指在组织培训之后，采用一定的形式，把培训效果运用定性或定量的方式表达出来，良好的培训效果评估体系有利于判断培训的有效性，为培训项目的改进与完善以及下一步培训工作的继续推进提供科学的决策依据。

任何一个好的培训方案必须经历一个制定—测评—修改—再测评—再修改……—实施的过程，培训方案的设计一般先对培训需求进行界定和确认，从制定培训目标到培训的选择以及最终制定了一个系统的培训方案，这并不意味着培训方案的设计工作已经完成，因为只有不断地测评、修改才能使培训方案甄于完善。培训方案评估除对方案本身规定的培训内容进行评定外，主要从 4 个层次进行效果评估：

（1）反应层，即学员反应，在员工培训结束时，通过调查了解员工培训后总体的反应和感受，看传授的信息是否被受训者吸收，如果否，则要考虑到传授的方法以及受训者学习的特点等各个方面的因素来对培训方案加以改进和完善。

（2）学习层，即学习的效果，确定受训人员对原理、技能、态度等培训内容的理解和掌握程度，往往在培训结束时有一个考核，如果考核成绩没有达到预期目标，说明学习效果有待加强，需延长培训时间或考虑提高培训指导者的水平及受训者对培训内容的学习兴趣。

（3）行为层，即行为改变，确定受训人员培训后在实际工作中行为的变化，以判断所学知识、技能对实际工作的影响，看是否解决了检测中出现的问题，是否避免了不合格报告的产生等，另外需要确定受训个人或者团队的技能和精神方面以及企业管理能力是否得到了提升。

（4）结果层，即产生的效果，可以通过一些指标来衡量，如事故率、生产率、员工流动率等。

第二节 论文写作知识

一、技师论文特点

论文就是用来进行科学研究和描述科研成果的文章。论文一是要观点鲜明，二是要注重推理。论文的类型很多，按内容来区分，有专题性和综合性论文；按学科层次区分，有理论性和应用性论文。技师论文是将技术经验和技术成果加以总结和提高，用书面的形式表达出来，以便进行交流和推广，所以技师论文一般属于专题性、应用性的论文。

技师论文写作的要求：一是要让读者理解掌握论文所描述的先进技术方法；二是要通过有力的论点论据证明论文所描述方法有采用价值。

二、论文撰写程序

论文撰写需要收集有关资料和数据，同时要分析哪些资料和数据可直接利用，哪些需要完善、补充。一般论文撰写程序如下：

（1）选题。尽量选取有指导性、实践性、能有效为企业和国家、创造价值、安全高效的技改工艺和方法。

（2）查阅资料。尽可能多收集相关资料，查阅国内外相关的先进经验方法，开阔思路，有选择地学习借鉴。

（3）积累整理实践数据。实地观察记录，突出真实性，为论文的撰写提供更有力的依据。

（4）绘制表格、插图，选择照片。利用图形代替文字表述，往往会使描述更形象，阐述更深刻。

（5）撰写论文。先起草稿，然后整理补充，最后再作文字修饰。

三、论文的选题

1. 题材来源

题材取自于技术工人的生产与工作实践，突出研究的目的和重要性。

2. 选择内容

论文要送专家评审，送审者要通过论文内容展示自己的专业知识和专业水平；而考评专家通过评审论文鉴定考生是否达到技师资格。论文内容可以选取以下方面：

（1）经验总结；

（2）试验研究；

（3）调查报告；

（4）技术革新和创造发明；

（5）技术管理与运用；

（6）学术讨论；

（7）综合分析。

3. 注意事项

（1）选本人熟悉或胜任并参与过实践的课题。

（2）选题要具体，范围不宜太宽。课题小，范围窄，意义不一定就小，只要能抓住一个重要的问题，找出解决方法和步骤，把问题写深写透，就可以得到以小见大的效果。

（3）对生产具有实用价值。能急生产之需，解决生产过程中出现的问题，提高劳动生产率，为企业创造财富，具有良好的经济效益。

（4）有一定科学性、创造性。要体现本人的独特见解，能突出新的观点、新的方法。

（5）与本工种专业结合。就评审的要求来说，不同工种的技师有不同的内容要求，各工种的论文课题必须在本工种专业范围内选定，选定的课题一定要与所报技师的工种相符。

四、论文要求

（1）论文字数：约 3000 字。

（2）稿纸：一般使用 16 开优质纸张。

（3）字体：宋体，最好采用较大的行距和字距；书写字体要端正。

（4）内容包含：①封面：标题、作者及单位、日期；②目录：序号、题目和页数；③摘要；④关键词；⑤前言；⑥正文；⑦结束语或结论；⑧致谢；⑨参考文献资料；⑩附录。

五、撰写论文

1. 标题

论文题目应能表明论文的中心内容；题目要简明，一般不超过 20 字，如果题目太长或标题不能涵盖文章的内容，可在主标题下加副标题作补充。

2. 署名

论文的署名者要对论文的内容和论点承担学术责任，署名者必须熟知论文的全部资料，并能够随时回答评审员的质疑。

若论文编写不是本人独立完成，而是有合作者，那么必须署上合作者的姓名。署名按贡献大小为序，每个名字的下方需用括号注明作者工作的单位。

3. 摘要

又称提要。摘要比较简短，它是全文的高度"浓缩"，内容可包括本论文的目的、意义、对象、方法、结果、结论和应用范围等，其中对象、结论是不可缺少的。

4. 关键词

又称主题词或标题词。它是从论文中选出最能代表论文中心内容特征的词或词组，是论文最高的概括，一般可选出 3～5 个关键词。关键词列于摘要之后，另起一行书写。

5. 前言

前言（或引言、序言）经常作为论文正文的开端，主要介绍论文的背景、相关领域的研究历史与现状以及作者的意图与依据，包括论文的追求目标、研究范围和理论依据、方案选取、技术设计等。前言必须简短精练，一般为 100～200 字。

6. 正文内容

正文是论文的主体部分，如果前言提出了问题，那么正文就要分析问题和解决问题，它是运用素材论证观点的部分，因此正文是技术水平和创造才能的体现。一般正文包括以下内容：

1）提出问题

首先提出需要解决的问题，说明存在的危害，解决问题的理由和必要性。

2）分析研究问题

根据所掌握的专业技术知识进行分析，用基本原理去说明采取各种技术措施的理由，解释因果关系，从理论上说明其必然性和偶然性。

3）解决问题

根据分析现状、条件和技术要求，说明解决此问题的方法和技术措施，所选择的技术路线，具体的操作步骤。

4）结果

要充分阐明本项目结果与他人结果的异同，突出本人在工作实践中的新发现、新发明或新的见解，充分说明论文的价值。

正文编写的要求：

（1）中心明确。撰写论文要有一个明确的中心，要重点突出。

（2）论证充分。在正文编写过程中，需要有严密的逻辑性，把观点和材料有机地组织起来，运用所学过的知识，用有关的定律、公式、推论等进行分析论证和综合概括，最后自然引出结论。

（3）科学实用。科学性是论文的"生命"。论文论述的内容要真实，切忌弄虚作假；要有实用价值，能说明和解决某一实际技术问题。

（4）创造性。这里所说的创造性并不是指空前绝后，也不是指重大发明创造，对技术工人来说，只要求在本专业范围内所写的论文有自己的特色，不人云亦云，不简单重复，不机械模仿或全盘抄袭即可。

（5）有理有序。论文要有分析，有说服力，要用所掌握的专业知识对实践中出现的问题进行分析和讨论。论文在内容和形式上都要符合各工种的专业要求，所使用的图形、照片、表格、公式、符号都要符合本工种专业范围的国家标准要求，以提高论文技术水平。论文结构要清楚，层次分明，能让人一目了然。论述方式应根据内容要求予以确定。论文书写时，要做到深入浅出、布局清晰、条理分明、思路明确，做到有目的、有分析、有措施、有结果，只有这样写出来的论文才能起到传播、交流技术信息的作用。

7. 结束语

结束语一般包括结论和建议两部分内容。结论是全文的总结，是论文的精髓，写作时要十分严谨，了解了什么问题，得出了什么经验，应一针见血地说清楚。建议部分是提出进一步的设想、改进方案或解决遗留问题的方法。

8. 参考文献

参考文献指为撰写或编辑论文和著作而引用的有关文献信息资源。论文中包含参考文献，一是尊重别人的知识产权；二是为读者通过你的文章对有关问题进行更系统、深入地研究提供方便；三是向读者表明自己郑重、严谨的学术态度。

第七章 技 术 推 先

第一节 Excel 软件在数理统计计算中的应用

一、利用 Excel 软件（Microsoft office excel 2003 年版）进行数理统计

【例 7 - 1】对某一煤样进行灰分检测，测得以下数据：37.45%、37.20%、37.50%、37.30%、37.25%。计算该组数据的平均值、平均偏差、标准偏差和变异系数。

1. 公式计算

$$\bar{x} = \frac{(37.45 + 37.20 + 37.50 + 37.30 + 37.25)\%}{5} = 37.34\%$$

各次测量值的偏差分别是：

$$d_1 = 0.11\% \quad d_2 = -0.14\% \quad d_3 = 0.16\% \quad d_4 = -0.04\% \quad d_5 = -0.09\%$$

$$\bar{d} = \frac{|d_1| + |d_2| + \cdots + |d_n|}{n} = \frac{(0.11 + 0.14 + 0.16 + 0.04 + 0.09)\%}{5} = 0.11\%$$

$$s = \sqrt{\frac{\sum_{i=1}^{n} d^2}{n-1}} = \sqrt{\frac{(0.11\%)^2 + (0.14\%)^2 + (0.16\%)^2 + (0.04\%)^2 + (0.09\%)^2}{5-1}} = 0.13\%$$

$$\text{RSD} = \frac{s}{\bar{x}} \times 100\% = \frac{0.13\%}{37.34\%} \times 100\% = 0.35\%$$

2. Excel 软件计算

1）平均值计算

如图 7 - 1 所示，依次输入数据，点击 F3 空格，在菜单栏中点击"插入"，选择"函数（fx）"命令，选择平均值（AVERAGE）公式，更改 Number1 为（A3：E3）区间，点击确定结果为 37.34%。

2）方差计算

如图 7 - 2 所示，依次输入数据，点击 G3 空格，在菜单栏中点击"插入"，选择"函数（f_x）"命令，选择方差（VAR）公式，更改 Number1 为（A3：E3）区间，点击确定

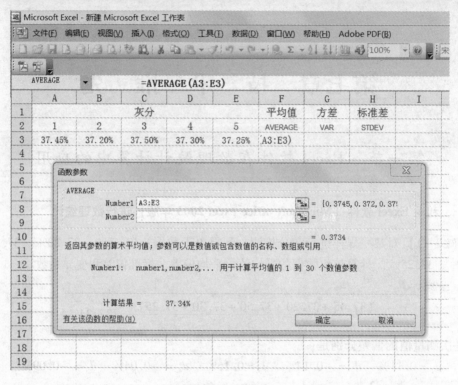

图 7 - 1　平均值计算

结果为 1.68E - 06，即 0.000001675。

3）标准差计算

如图 7 - 3 所示，依次输入数据，点击 H3 空格，在菜单栏中点击"插入"，选择"函数（fx）"命令，选择标准差（STDEV）公式，更改 Number1 为（A3：E3）区间，点击确定结果为 0.001294，即 0.13%。

二、利用 Excel 软件进行 F 检验法计算

以【例 2 - 1】为例：

1. 公式计算

解：　　　　　　　　　　$s_1^2 = 1089$　　$s_2^2 = 1849$

$F = s_2^2 / s_1^2 = 1.70$，此为双侧检验，自由度 $f_1 = f_2 = 7$，给定 $\alpha = 0.05$，查 F 表，$F_{0.025, 7, 7} = 4.99$，$1.70 < F_{0.025, 7, 7}$，故两台热量计测定发热量具有相同的精密度，或者说精密度之间没有显著性差异。

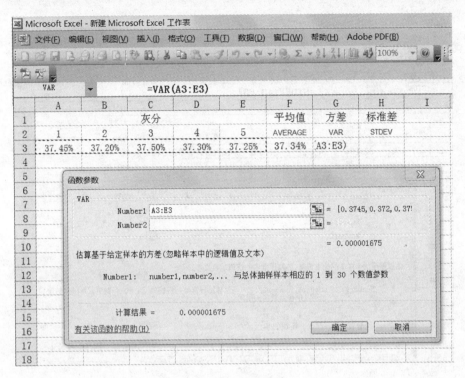

图 7-2 方差计算

2. Excel 软件计算

如图 7-4 所示，依次输入数据，在菜单栏中点击"工具"，选择"数据分析"命令，选择"F-检验双样本方差"。

如图 7-5 所示，选择变量 1、2 分别对应第二列和第一列（由于 $s_2 > s_1$），α 改为 0.025（为双侧检验），点击确定，结果如图 7-6 所示。

结果显示 $1.71 < F_{0.025,7,7} = 4.99$，故两台热量计测定发热量具有相同的精密度，或者说精密度之间没有显著性差异。

备注：可应用 Excel 计算 F 值表中数值，如 $F_{0.025,7,7}$，可用菜单栏中"插入"选择"函数（f_x）"命令，选择 FINV 公式，更改 Probability 为 0.025，Deg_ freedom1 为 7，Deg_ freedom2 为 7，点击确定结果为 4.99（图 7-7）。

三、利用 Excel 软件进行 t 检验法计算

以【例 2-4】为例：

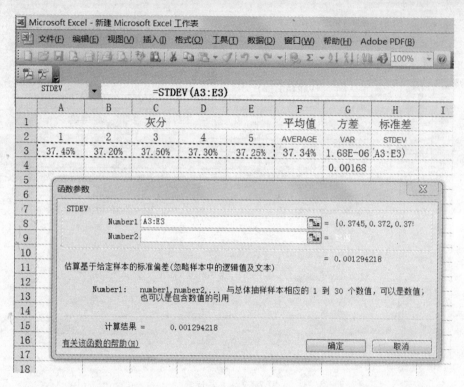

图7-3 标准差计算

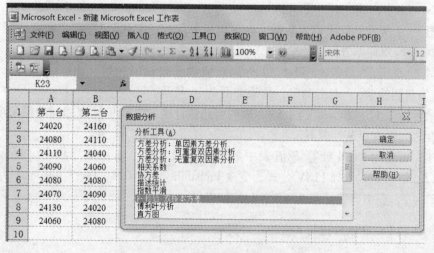

图7-4 用 Excel 软件进行 F 检验 (1)

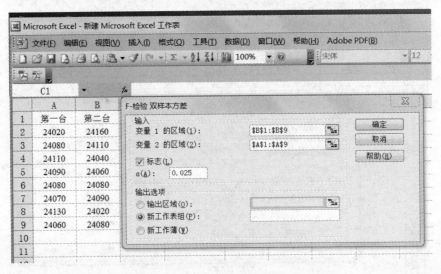

图 7-5 用 Excel 软件进行 F 检验（2）

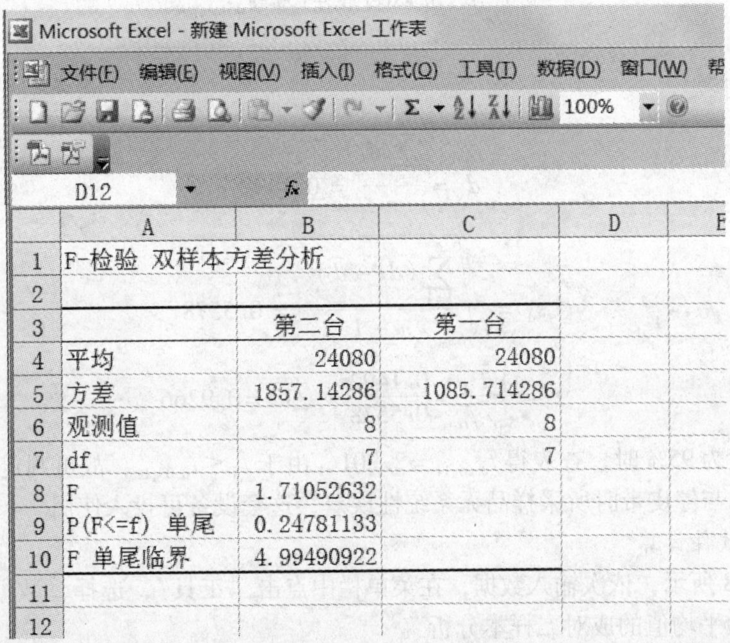

F-检验 双样本方差分析		
	第二台	第一台
平均	24080	24080
方差	1857.14286	1085.714286
观测值	8	8
df	7	7
F	1.71052632	
P(F<=f) 单尾	0.24781133	
F 单尾临界	4.99490922	

图 7-6 用 Excel 软件进行 F 检验（3）

149

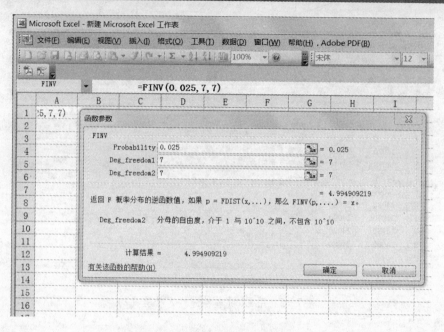

图 7-7　用 Excel 软件计算 $F_{0.025,7,7}$

1. 公式计算

解：

$$\bar{d} = \frac{\sum\limits_{i=1}^{n} d_i}{n} = 0.1492$$

$$s_d = \sqrt{\frac{\sum\limits_{i=1}^{n} (d_i - \bar{d})^2}{n-1}} = 0.5578$$

$$t_d = \frac{|\bar{d}|}{s_d / \sqrt{n}} = \frac{0.1492}{0.5578} \times \sqrt{12} = 0.9266$$

在置信度为 95% 时，查表得 $t_{0.05,11} = 2.201$，由于 $t_d < t_{0.05,11}$，故可判定该机械化采样设备所采样品与停皮带时所采样品无系统性误差，这套设备可投入使用。

2. Excel 软件计算

如图 7-8 所示，依次输入数据，在菜单栏中点击"工具"，选择"数据分析"命令，选择 "t-检验平均值的成对二样本分析"。

点击确定后，选择变量 1、2 分别对应第一列和第二列，α 设定为 0.05（图 7-9），点击确定，结果如图 7-10 所示。

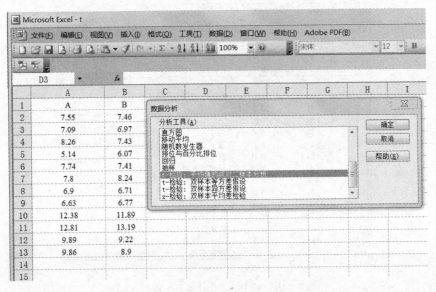

图7-8 用 Excel 软件进行 t 检验 (1)

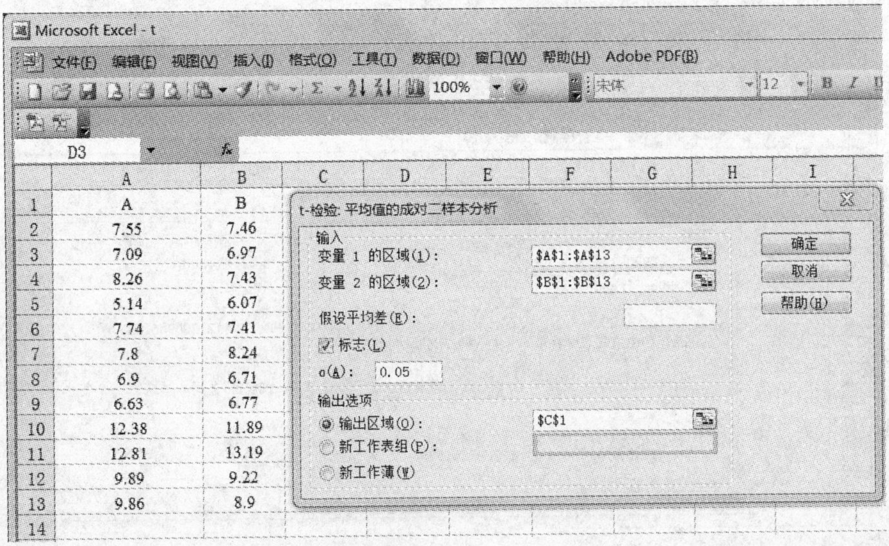

图7-9 用 Excel 软件进行 t 检验 (2)

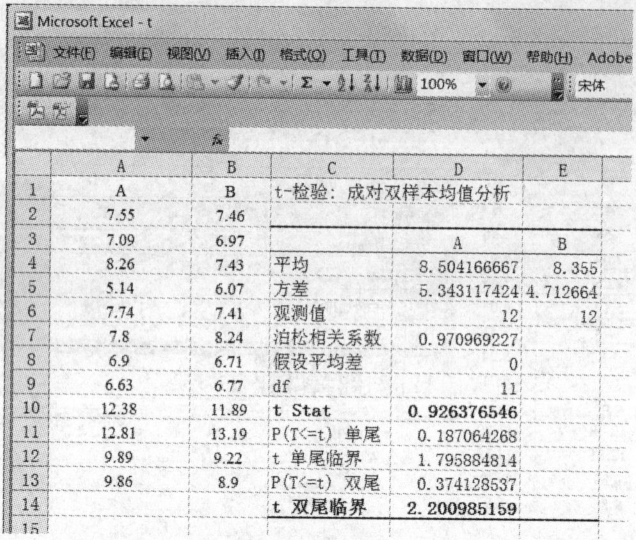

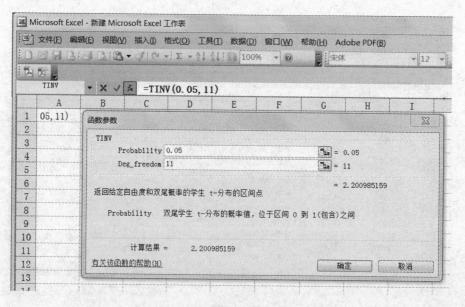

图 7-10　用 Excel 软件进行 t 检验 (3)

图 7-11　用 Excel 软件计算 $t_{0.05,11}$

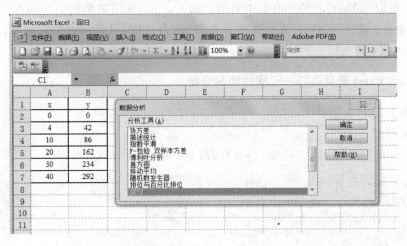

图 7-12 用 Excel 软件进行一元线性回归分析 (1)

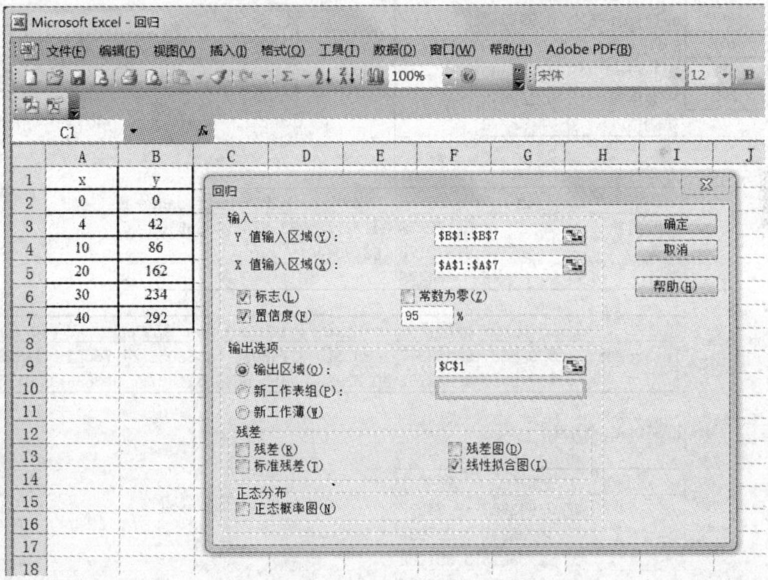

图 7-13 用 Excel 软件进行一元线性回归分析 (2)

结果显示 $0.926 < 2.201$，故可判定该机械化采样设备所采样品与停皮带时所采样品无系统性误差。

备注：可应用 Excel 计算 t 值表中数值，如 $t_{0.05,11}$，可用菜单栏中"插入"选择"函数（f_x）"命令，选择 TINV 公式，更改 Probability 为 0.05，Deg_freedom 为 11，点击确定结果为 2.201（图 7-11）。

四、利用 Excel 软件进行一元线性回归分析

以【例 2-5】为例：

1. 公式结算

$$y = 7.27x + 9.94$$

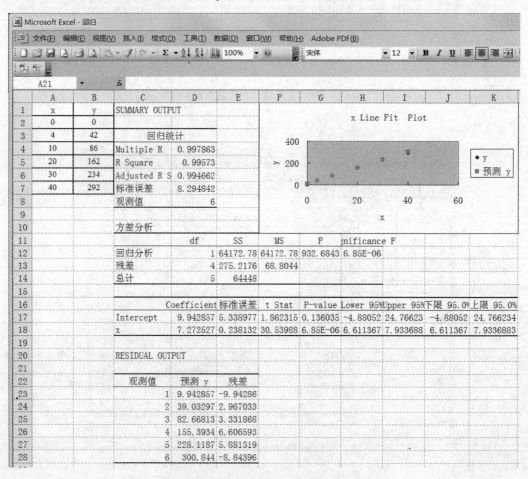

图 7-14　用 Excel 软件进行一元线性回归分析（3）

2. Excel 软件计算

如图 7 – 12 所示，依次输入数据，在菜单栏中点击"工具"，选择"数据分析"命令，选择"回归"。

点击确定后（图 7 – 13），选择变量 x 值、y 值分别对应第一列和第二列，置信度设定为 0.05，点击确定，结果如图 7 – 14 所示。

图 7 – 14 中，Coefficient（相关系数）截距 $a = 9.94$，斜率 $b = 7.27$，回归统计表中线性回归的系数 $R = 0.998$，一元线性回归方程为 $y = 7.27x + 9.94$。可对图形放大并添加趋势线，显示公式，如图 7 – 15 所示。

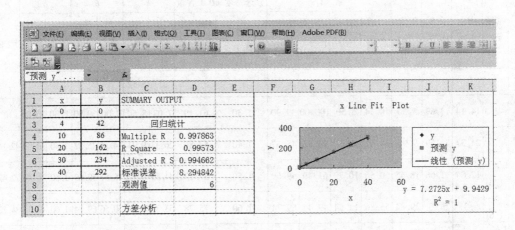

图 7 – 15 用 Excel 软件进行一元线性回归分析（4）

第二节 利用 Excel 软件绘制可选性曲线图

一、绘制浮沉试验综合表

数据输入 80 ~ 0.5 mm 粒级原煤浮沉试验综合表见表 7 – 1。

其中，$K7 = (E7 + E6)/2 = 26.33, M7 = 100 - G7 = 14.14, P7 = 100 - E7 = 61.49, Q7 = 100 - J7 = 42.14$。

二、绘制可选性曲线图

1. 浮物曲线（β 曲线）

（1）第5栏E和第6栏F，选择"平滑线散点图"，点下一步，数据源系列中X值选择第6栏灰分，Y值选择第5栏产率，名称输入β曲线，点下一步，勾选X轴Y轴主要网格线，完成。

表7-1 数据输入80~0.5mm粒级原煤浮沉试验综合表

	A	B	C	D	E	F	G	H	I	J	K	L	M	N	O	P	Q
1	80~0.5mm粒级原煤浮沉试验综合表																
2					累 计				分选密度±0.1含量		λ		θ		δ		ε
3	密度级/%	占本级/%	占全样/%	灰分/%	浮物β		沉物		密度/(kg·L⁻¹)	产率/%	边界/%	灰分/%	产率/%	灰分/%	密度	产率	产率
4					产率/%	灰分/%	产率/%	灰分/%									
5					0	5.12					0	5.12					
6	<1.3	14.14	13.69	5.50	14.14	5.50	100.00	39.90	1.30	61.19	7.07	5.50	0.00	39.90	1.30	85.86	
7	1.3~1.4	24.37	23.59	9.93	38.51	8.31	85.86	45.57	1.40	57.86	26.33	9.93	14.14	45.57	1.40	61.49	42.14
8	1.4~1.5	12.04	11.66	18.45	50.56	10.72	61.49	59.69	1.50	27.57	44.53	18.45	38.51	59.69	1.50	49.44	72.43
9	1.5~1.6	5.31	5.13	29.84	55.86	12.54	49.44	69.74	1.60	15.78	53.21	29.84	50.56	69.74	1.60	44.14	84.22
10	1.6~1.7	4.62	4.47	40.12	60.49	14.65	44.14	74.53	1.70	11.24	58.17	40.12	55.86	74.53	1.70	36.51	88.76
11	1.7~1.8	2.45	2.37	47.80	62.94	15.94	39.51	78.56			61.71	47.80	60.49	78.56	1.80	37.06	
12	>1.8	37.06	35.87	80.60	100.00	39.90	37.06	80.60			81.47	80.60	62.94	80.60			
13	小计	100.00	96.78	39.90							100.00	94.48	100.00	94.48			
14	煤泥																
15	合计																

（2）双击Y轴数值修改纵坐标刻度，最大值100，主要刻度10，数值轴交叉于100，勾选数值次序反转。

（3）双击X轴数值修改横坐标刻度，最大值100，主要刻度10，数值轴交叉于0，如图7-16所示。

2. 灰分特性曲线（λ 曲线）

右键点击图标选择数据源，添加系列 2，X 值选择第 12 栏 L 灰分，Y 值选择第 11 栏 K 边界，名称输入 λ 曲线，如图 7－17 所示。

3. 沉物曲线（θ 曲线）

右键点击图标选择数据源，添加系列 3，X 值选择第 14 栏 N 灰分，Y 值选择第 13 栏 M 产率，名称输入 θ 曲线，如图 7－18 所示。

4. 密度曲线（δ 曲线）

右键点击图标选择数据源，添加系列 4，X 值选择第 15 栏 O 密度，Y 值选择第 16 栏 P 产率，名称输入 δ 曲线。双击系列 4 曲线，勾选次坐标轴。双击 Y 轴次坐标轴数值修改纵坐标刻度，最大值 100，主要刻度 10，数值轴交叉于 100，勾选数值轴交叉于最大值。双击 X 轴次坐标轴数值修改横坐标刻度，最小值 1.20，最大值 2.20，主要刻度 0.1，勾选数值轴反转，如图 7－19 所示。

5. 密度 ±0.1 曲线（ε 曲线）

右键点击图标选择数据源，添加系列 5，X 值选择第 15 栏 O 密度，Y 值选择第 17 栏 Q 产率，名称输入 ε 曲线。双击系列 5 曲线，勾选选择次坐标轴，如图 7－20 所示。

如果需要查出准确数据，只需修改图 7－20 刻度，加密次要网格线，即可直接读出对应四个坐标轴上的数据。

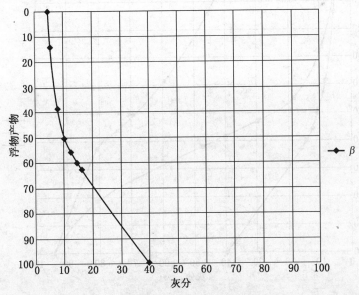

图 7－16 浮物曲线（β）

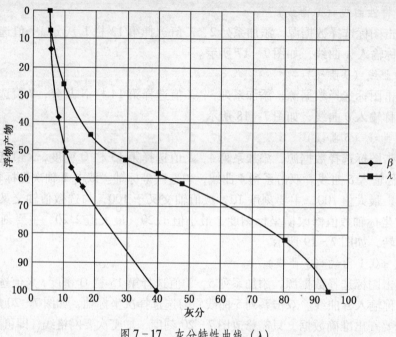

图 7-17 灰分特性曲线（λ）

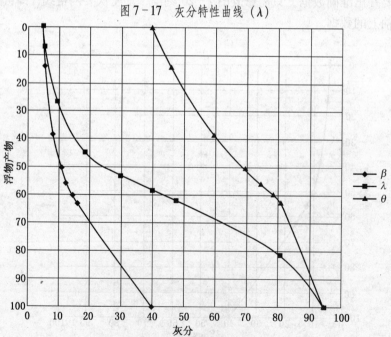

图 7-18 沉物曲线（θ）

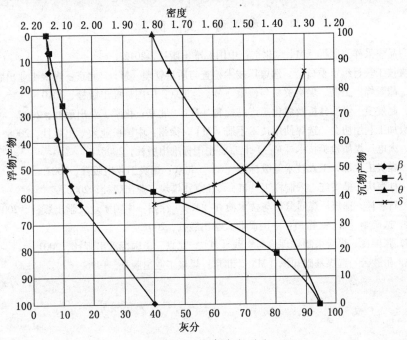

图 7-19 密度曲线（δ）

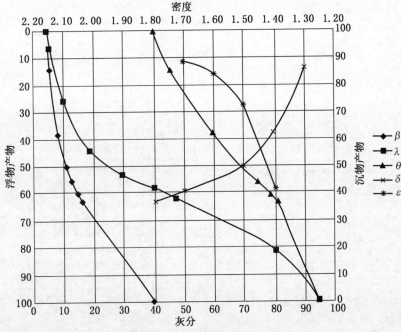

图 7-20 密度 ±0.1 曲线（ε）

参 考 文 献

[1] 孙刚. 商品煤采样与制样 [M]. 北京：中国标准出版社，2012.

[2] 全国煤炭技工教材编审委员会. 选煤厂技术检查与质量管理 [M]. 北京：煤炭工业出版社，2010.

[3] 周尊英，胡顺峰，王磊. 煤炭贸易与检验 [M]. 北京：中国标准出版社，2010.

[4] 王翠萍，赵发宝. 煤质分析及煤化工产品检测 [M]. 北京：化学工业出版社，2009.

[5] 中国煤炭加工利用协会. 选煤使用技术手册 [M]. 徐州：中国矿业大学出版社，2008.

[6] 曹长武. 火电厂煤质检验技术 [M]. 北京：中国标准出版社，2008.

[7] 劳动部，煤炭工业部. 工人技术等级标准 [S]. 北京：煤炭工业出版社，2007.

[8] 刘峻琳，杜海庆，韩雪红. 采制样工 [M]. 北京：煤炭工业出版社，2006.

[9] 竺清筑，石彩祥. 选煤厂煤质分析与技术检查 [M]. 徐州：中国矿业大学出版社，2004.

[10] 谢广元. 选矿学 [M]. 徐州：中国矿业大学出版社，2001.

[11] 李向利，张国良. 煤炭采制样理论与实践 [M]. 北京：中国标准出版社，2001.

[12] 吴式瑜，岳胜云. 选煤基础知识 [M]. 北京：煤炭工业出版社，1996.

图书在版编目（CIP）数据

选煤技术检查工：技师、高级技师／煤炭工业职业技能鉴定指导中心组织编写．－－北京：煤炭工业出版社，2016

煤炭行业特有工种职业技能鉴定培训教材

ISBN 978－7－5020－5191－4

Ⅰ．①选…　Ⅱ．①煤…　Ⅲ．①选煤—职业技能—鉴定—教材　Ⅳ．①TD94

中国版本图书馆 CIP 数据核字（2016）第 015004 号

选煤技术检查工　技师、高级技师
（煤炭行业特有工种职业技能鉴定培训教材）

组织编写	煤炭工业职业技能鉴定指导中心
责任编辑	武鸿儒
责任校对	孔青青
封面设计	王　滨

出版发行　煤炭工业出版社（北京市朝阳区芍药居 35 号　100029）
电　　话　010－84657898（总编室）
　　　　　　010－64018321（发行部）　010－84657880（读者服务部）
电子信箱　cciph612@126.com
网　　址　www.cciph.com.cn
印　　刷　北京玥实印刷有限公司
经　　销　全国新华书店

开　　本　787mm×960mm$^1/_{16}$　**印张**　$10^3/_4$　**字数**　212 千字
版　　次　2016 年 3 月第 1 版　2016 年 3 月第 1 次印刷
社内编号　8042　　　　　　　**定价**　23.00 元